理 想 空 间

I WISH

我希望在这里工作

I WORKED HERE

凤凰空间·北京 编

江苏凤凰科学技术出版社

图书在版编目（CIP）数据

理想空间 ： 我希望在这里工作 / 凤凰空间·北京编
. -- 南京 ： 江苏凤凰科学技术出版社, 2014.10
ISBN 978-7-5537-3845-1

Ⅰ. ①理… Ⅱ. ①凤… Ⅲ. ①办公室－室内装饰设计
－图集 Ⅳ. ①TU243-64

中国版本图书馆CIP数据核字(2014)第219677号

理想空间　我希望在这里工作

编　　者　凤凰空间·北京
项目策划　李媛媛
责任编辑　刘屹立
特约编辑　白　雪

出版发行　凤凰出版传媒股份有限公司
　　　　　江苏凤凰科学技术出版社
出版社地址　南京市湖南路1号A楼，邮编：210009
出版社网址　http://www.pspress.cn
总　经　销　天津凤凰空间文化传媒有限公司
总经销网址　http://www.ifengspace.cn
经　　销　全国新华书店
印　　刷　上海雅昌艺术印刷有限公司

开　　本　889 mm×1 194 mm　1/16
印　　张　15
字　　数　100 000
版　　次　2014年10月第1版
印　　次　2014年10月第1次印刷

标准书号　ISBN 978-7-5537-3845-1
定　　价　248.00（精）

PREFACE 前言

办公室空间是人们从事脑力劳动的场所，一个惬意、舒适的办公空间，将为人们创造出一个美好的视觉环境，有利于人们在轻松、舒适的环境下提高工作效率。

为了顺应公司规模的变化，对于办公空间的设计已经不是传统意义上的办公室装修，如何解决在有限的空间内更大限度地提高空间的利用率和增大空间的灵活性，成为设计师需要解决的重要课题。

因此，办公空间设计更趋向于多元化、多功能。从一定意义上说，现今办公室设计是“环境设计”，是一种理性和综合性的设计创作活动。它以人为中心，研究人与环境的关系。好的办公空间设计会充分利用科学技术成果，打造出有较高内涵、合乎人性原则的舒适空间，使人感到身体和精神上的舒适。

此外，环保思想的影响日益深刻，设计师们也开始遵循可持续发展的理念，节能环保措施、新型材料也逐渐渗透到办公空间的设计中来。

本书精选23个新建或改造的办公室空间设计案例，每个案例均配有平面设计图、全彩插图和详细的设计说明，给读者带来全新的空间设计感受，赋予办公室空间以新的定义与诠释，希望为设计师日后的工作提供参考和借鉴。

CONTENT

6
The Clubhouse 办公空间
The Clubhouse

72
伦敦曼彻斯特广场办公区
Manchester Square Offices

116
Yandex 圣彼得堡第三办公区
Yandex Saint Petersburg III

30
澳大利亚克雷蒙 KUD 工作室
KUD Studio

86
EMKE 办公楼
EMKE Office Building

126
THQ 工作室
THQ Studio

42
Iponweb 公司办公室
Iponweb Company Office

96
Gummo 新建办公区
Office 03

134
MediaXplain 办公室
Office 05

54
Yandex 圣彼得堡第二办公区
Yandex Saint Petersburg Office II

104
Yandex 敖德萨市办公区
Yandex Odessa Office

140
Top Time 办公区
Top Time Office

目录

150
悉尼办公室
Ansarada Project

156
BBDO 广告集团莫斯科代表处
BBDO Group Advertising Agency Moscow Representative Office

166
莫斯科 Yandex Stroganov 办公区
Yandex Stroganov Office

178
KBJ 共享空间
KBJ Share Space

186
加拿大 BICOM 公司办公室
BICOM Communications

194
CEMEX 公司的新总部
New CEMEX Headquarters

202
荷兰阿姆斯特丹 UXUS HQ 办公区
UXUS HQ

212
谷歌新建 EMEA 工程中心
Google´s New EMEA Engineering Hub

218
Momentum 概念性建筑
Momentum

226
SocietyM 格拉斯哥办公区
SocietyM Glasgow

236
YES 办公区整修项目
YES Office

The Clubhouse

The Clubhouse办公空间

Mayfair, London

摄影： Alastair Lever

The Clubhouse办公空间是位于伦敦上流住宅区Mayfair的一个优质的会员制商业俱乐部。它集奢华精品酒店与高科技虚拟办公及配套设施于一体，将联合办公写字楼市场提升到一个新的水平。

该俱乐部由464 m^2的1楼和278 m^2的2楼共同构成，划分成了不同区域以满足所有应用需求，既有办公区、休息室，也有私密或开放的会议区，为不同的人群营造出不同的空间感。这里设有一些空间可举办不同活动，也可以供公司租用，还有一处展示空间，可举办研讨会或产品发布会。

一层空间前半部分设有4间会议室，空间大小和风格各不相同，均属于较为正式或私密的空间。会议室之外是该设计方案的第一处开放式空间，拥有宾馆大堂的观感，其中摆放了英国制造商Morgan打造的沙发和扶手椅，以及Tom Dixon设计的吊灯。该部分与同楼层的第二部分通过全高的T形凹处分隔开来，T形区设有一堵墙，两侧均设有单独的工作台。

该楼层的第二部分为一处大型的非正式空间，可举办各种活动或者对外出租。对面，即项目的后墙部分，是一处双层高的空间，其中摆放的特色家具均使用内置式橙色皮革打造而成。当这里举办一些活动时，该区域也可用作服务吧台。该区域的最后一处空间为“画廊”，可举行培训课程或研讨会，是一个展示空间。

一侧的玻璃楼梯通向该建筑二层，其中放置了很多轮用办公桌，尽管风格随意、轻描淡写，依然拥有严肃的空间氛围。特色区域还有“俱乐部休息区”——使用天鹅绒、纽扣装饰的带靠背的椅子，黑色的地毯，炭灰色的墙壁和顶棚，以及令人眼前一亮的壁纸，打造一处幽暗、舒适、令人倍感惬意的休息区。

设计公司
SHH Architects

项目面积
742 m^2

项目支持
吊灯：Tom Dixon
沙发：Morgan

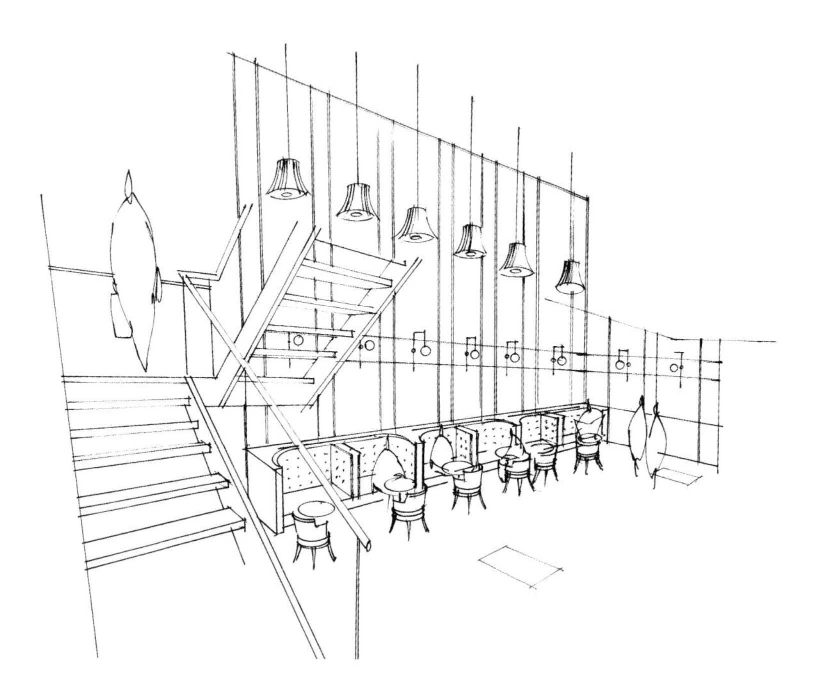

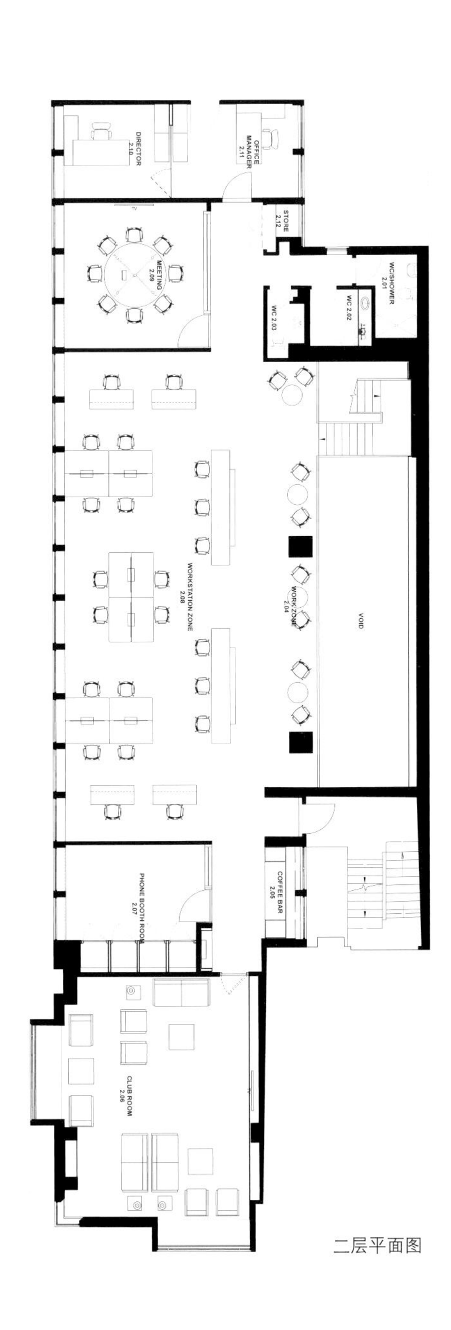

二层平面图

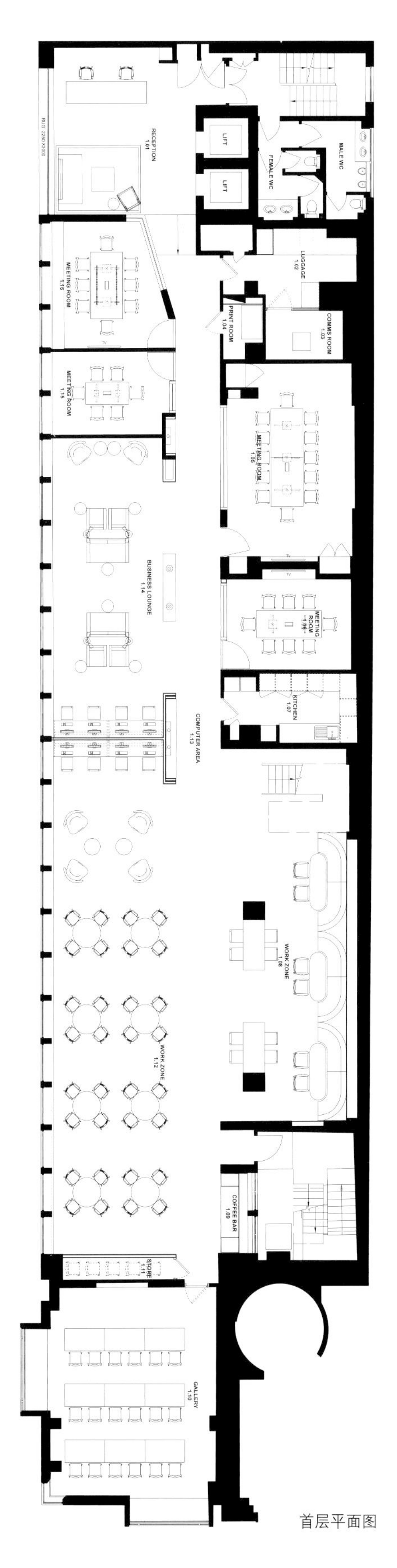

首层平面图

剖面图

THE CLUBHOUSE

THE
CLUBHOUSE

SIGNATURE

THE
CLUBHOUSE

THE
CLUBHOUSE

THE
CLUBHOUSE
THE
CLUBHOUSE

KUD Studio

澳大利亚克雷蒙KUD工作室

Melbourne, Victoria, Australia

摄影： Peter Clarke

设计公司
Kavellaris Urban Design

项目面积
200 m^2

项目时间
2013年9月

这处改建后的市中心设计工作室原先是一处传统的商务办公空间，极少考虑环境或者设计方面的因素。设计师有意打造一处与现有空间相协调的场所，因此采用了新的工作美学和可持续空间设计理念来重新进行空间设计。将现有的建造材料通过剥离处理，展现出了其核心构造。同时，清理了表面材料，使得混凝土顶棚和砖制墙体显露出来。

设计的重点是融合可持续空间设计理念，将新旧设计方法、构筑物和有机物联系起来，这也是整个内部空间设计的核心议题。原有的开放式空间、双层高的空间以及夹层，为设计师提供了这样一个机会，即将办公空间的私人区和公共空间分隔开来，同时又能确保整个空间的视觉关联。日常活动空间、建筑的打造以及建筑设计本身对于所有居住者和空间使用者来说均一目了然。这种对于公共和私人工作空间的转换和重新定义，对于办公空间来说是一种关键的文化转移行为。位于较低楼层的办公区是非常灵活多变的空间，其模糊了公共空间和私人空间之间的界限，并为客户、员工打造出了可替换的视觉活动区域。一处具有自我灌溉功能的园林式景观区域为整个空间提供了一种概念式分隔带，与混凝土和钢制元素形成一种柔性对比。同时，绿色的景观带也改善了员工的办公环境。

该项目选用的所有材料均依据两大标准：一是采用可持续性材料，不必进行后期处理；二是这些材料均属私人所有，便于随时取用，以确保整个项目较低的造价。几乎所有的家具、办公桌、会议桌、细木工、架子和照明设施均是定制设计的，以确保设计语言的连续性。会议桌使用层积材木制横梁和由带中心管的混凝土打造而成。照明设施使用剑麻绳定制而成，其也被用作墙面装饰材料。这些材料实现了新老空间、构筑物和有机结构之间的并置，颠覆了传统的商务工作环境。该项目旨在为室内工作空间设计提供一个可持续性的设计方案，并重新审视我们对本土空间设计的态度。

KUD
S,M,L,XL
CCCP

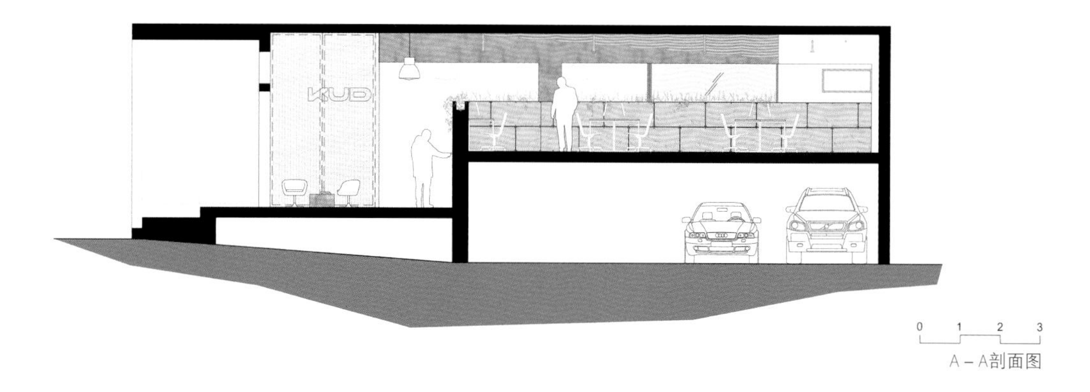

A－A剖面图

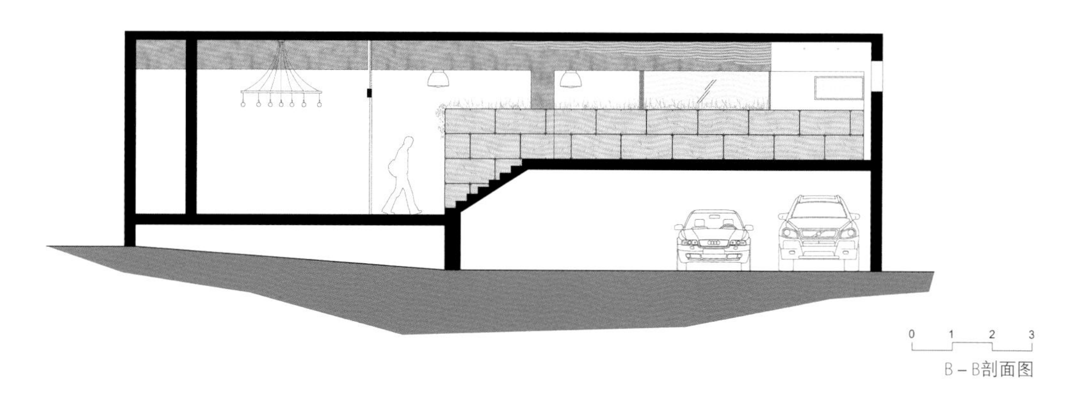

B－B剖面图

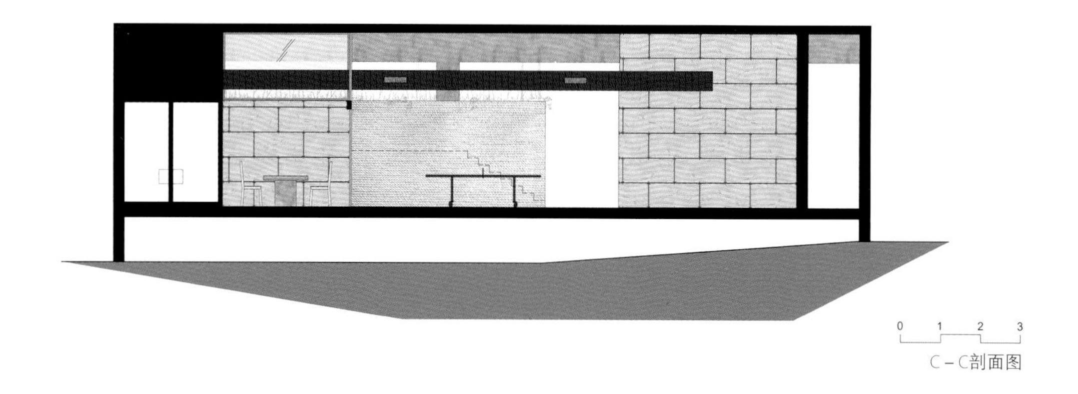

C－C剖面图

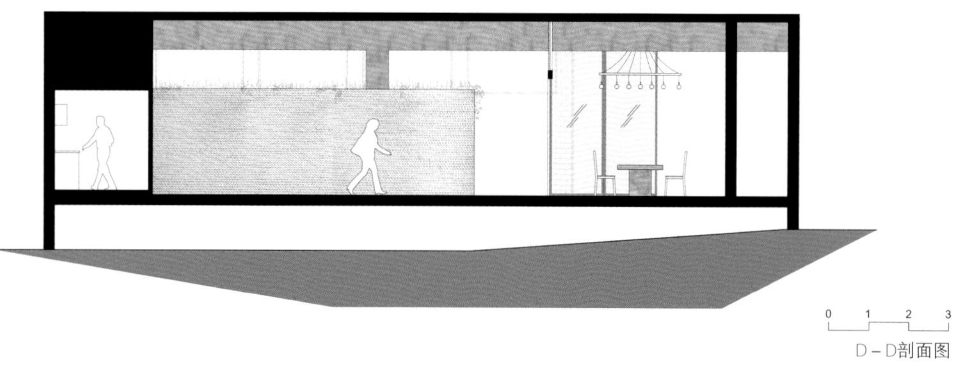

D－D剖面图

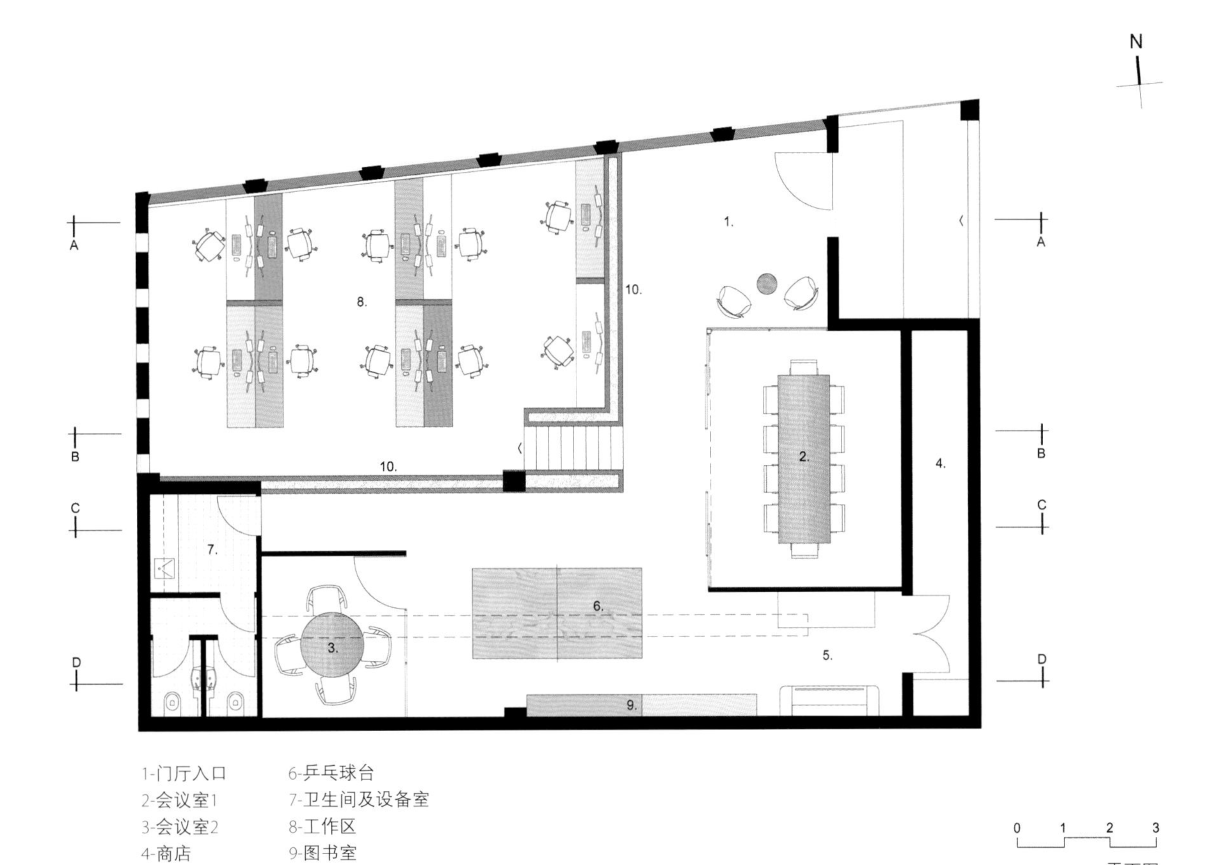

1-门厅入口
2-会议室1
3-会议室2
4-商店
5-文印中心
6-乒乓球台
7-卫生间及设备室
8-工作区
9-图书室
10-景观

THE CITY
THE CITY IS THE PERSONIFICATION OF OUR
COLLECTIVE CONSCIOUSNESS
IT IS MAN'S CONSTRUCTED CULTURAL MANIFESTO
JUST LIKE ITS CITIZENS THE CITY IS FULL OF
BEAUTIFUL FLAWS CONTDRADICTIONS AND MYSTERIES
PEOPLE LIKE CITIES ARE COMPLEX ORGANISMS
THEY BOTH SEEK AN ORDER AND MORALITY TO VALIDAT
AND MEDIATE THEIR EXISTENCE
EVEN WITH OUR BEST ENDEAVORS WE CAN NEVER
REALLY PLAN OUR LIVES OR OUR CITIES
WITH THE CERTAINTY THAT WE WISH FOR
WE ARE TOO COMPLEX TO ORCHESTRATE
WITHOUT SPACE AND TIME TO IMPROVISE
THE RESIDUE OF
THE UNDESIGNED
THE EVOLVED
THE ADAPTED
IS THE ARCHITECT OF OUR URBANITY
THE CITY IS NO LONGER AN OBJECT
IT IS A CONDITION
A CONDITION OF EXPERIENCE
STREETS CROWDS COLOUR LIGHTS SPECTACLE
AND BUILDINGS
SOMEHOW UNITE TO SPAWN THE MAKING OF PLACE
WHERE CULTURE PLAYS THE
UNINTENDED UNCONSCIOUS ROLE
TRANSLATED THROUGH THE VOICE OF THE
ARCHITECT

LOW

LOW

S,M,L,XL
SACRED

Iponweb Company Office

Iponweb公司办公室

31 Shabolovka Street, Building 5, Moscow, Russia

摄影： Peter Zaytsev

Za Bor建筑设计事务所的核心工作是为信息技术行业设计办公空间。首先，该设计出发点是打造非正式的、富有创意的空间氛围，而这正是这些公司想要为其员工打造的办公场所。尽管总体上讲，IT公司Iponweb办公区也顺应这一趋势，然而却也不同于设计事务所之前所承接的办公区设计项目，这主要是源于Iponweb公司独特的建筑空间和中性的色彩。

办公区打造出了实用而又舒适的办公环境，完全满足了客户的需求，同时也具备接待访客的功能，可以接待从欧洲、美洲、亚洲分支机构来到莫斯科的众多合作伙伴。

该办公区位于Shabolovka 31商务中心的一栋颇有年份的工业建筑内。该建筑曾经为一家啤酒厂所有，后来转归国有第二滚珠轴承厂所有。该建筑几经重建，基于此，现在其拥有诸多有趣的细节，诸如大梁、公用线路以及6楼上超大的层高差，而6楼即是该项目办公区所在地。2层的过渡设计得以保留，其结果就是顶棚高度从3.9 m到4.5 m不等。技术细节也得以保留，并最大限度地呈现开敞的姿态。从办公区的窗户可以看到Shukhov无线电塔和井然有序的工业景观，而这些风景又为办公区增色不少。

约有120人在这个办公区工作，其中多数为研发人员。各个工作区通过高差或者彼此分离的站立区分隔开来，每个工作区均有6~12个工作单元区。工作区均沿窗户设置，因此拥有较好的照明。因为该办公区不是针对行政活动设立，所以没有设置接待区，然而入口区却设计得相当醒目，其拥有简洁的几何隧道外观，通向一处开放区域，该“隧道”是办公区的主要行人通行的“动脉”，该入口通道被众多的会议室所环绕。此外，一处大型的开放式空间被用作会议室，并可举办一些其他活动。因为这里有7间会议室，客户要求用行星来命名，以凸显Iponweb公司莫斯科办事处的“地心”式的角色。故而，会议室的区位装饰设计展示了太阳系行星的物理属性。

该办公区的另一大特色是其采用了单色设计，这对于Za Bor建筑事务所而言是相当罕见的。唯一的色彩即是绿植。办公室后期装饰使用了传统的软木和快干式覆层。顶棚下的通信线路拥有白雪一般的覆层——其为Sonaspray声学材料。作为一项设计实践，其展示了开放式的通信线路在办公区内的应用，并通过其制造了回音效果。

设计公司

Za Bor Architects

设计师

Arseniy Borisenko, Peter Zaytsev

项目面积

1100 m^2

项目时间

2012～2013年

项目支持

家具设计：Steelcase, Ikea

地板设计：Interface FLOR

IPONWEB

平面图

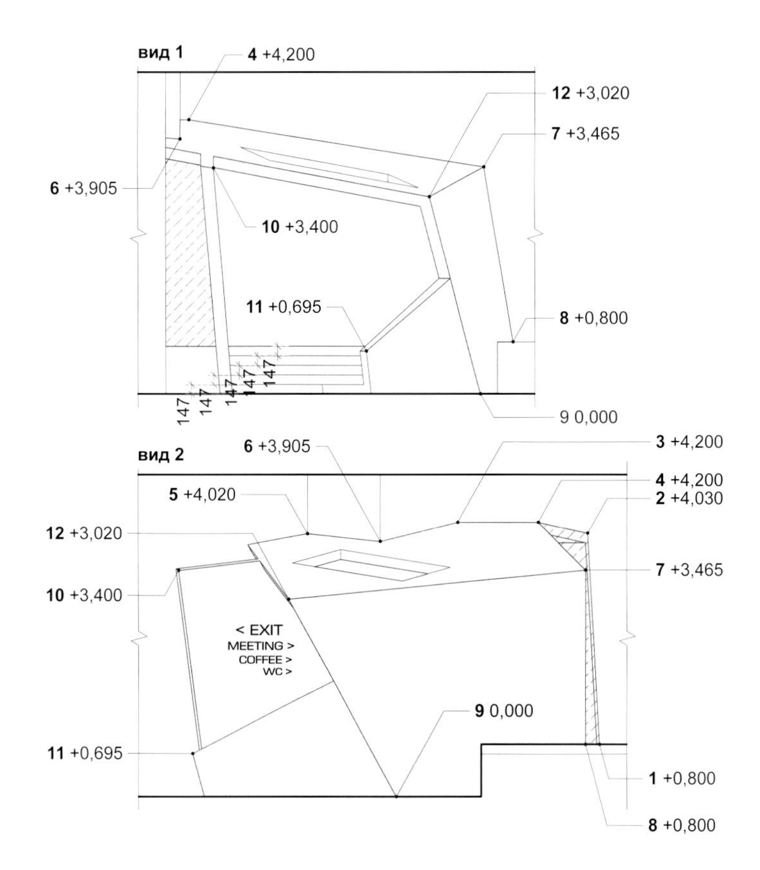
вид 1
4 +4,200
12 +3,020
7 +3,465
6 +3,905
10 +3,400
11 +0,695
8 +0,800
147
147
147
147
147
9 0,000
вид 2
6 +3,905
3 +4,200
4 +4,200
5 +4,020
2 +4,030
12 +3,020
7 +3,465
10 +3,400
< EXIT
MEETING >
COFFEE >
WC >
9 0,000
11 +0,695
1 +0,800
8 +0,800

节点图

Деталь 3

план на отм. + 4,300

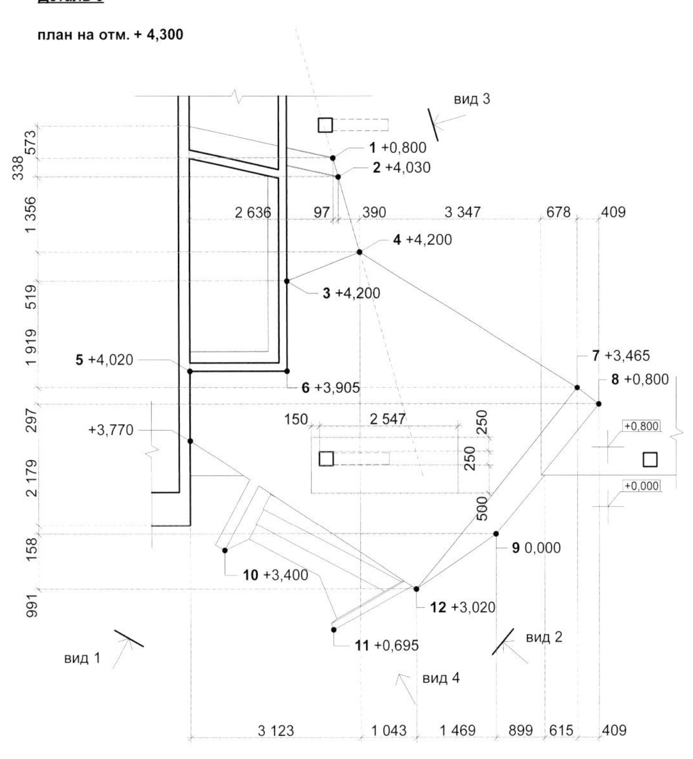

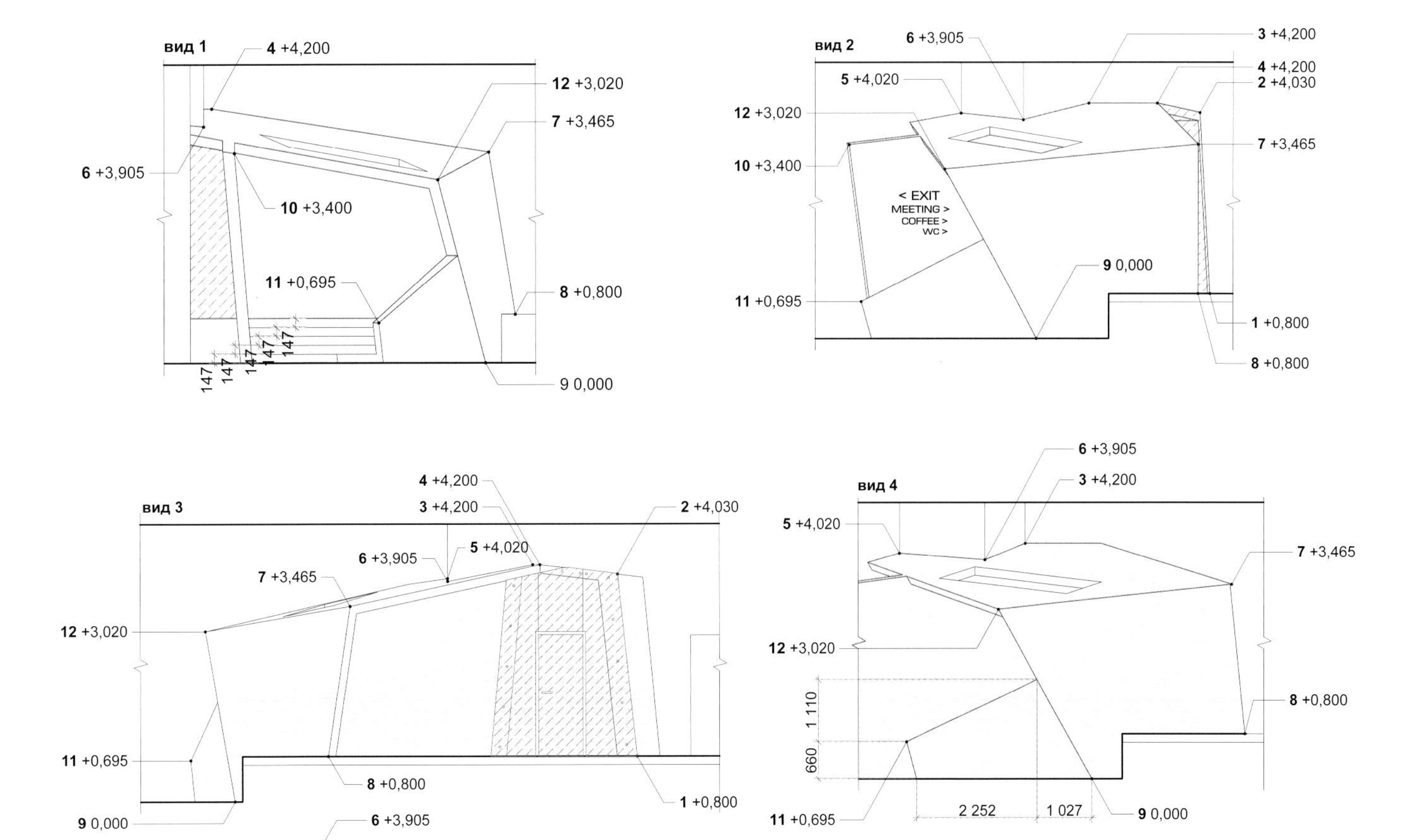

节点图

ENGINEERING MEDIA
TRADING EVOLUTION
MARS

ENGINEERING MEDIA
TRADING EVOLUTION

ENGINEERING MEDIA
TRADING EVOLUTION

MARS
EQUATORIAL RADIUS
3,396.2 ± 0.1 KM
0.533 EARTHS
MASS
6.4185×10²³ KG
0.107 EARTHS
EQUATORIAL SURFACE GRAVITY
3.711 M/S²
0.376 G

MARS
EQUATORIAL RADIUS
3,396.2 ± 0.1 KM
0.533 EARTHS
MASS
6.4185×10²³ KG
0.107 EARTHS
3.711 M/S²
0.376 G

COFFEE POINT
MERCURY
MEAN RADIUS
MASS
EQUATORIAL SURFACE GRAVITY

COFFEE POINT
MERCURY
MEAN RADIUS
MASS
EQUATORIAL SURFACE GRAVITY

JUPITER
EQUATORIAL RADIUS
71,492 ± 4 KM
11.209 EARTHS
MASS
1.8986×10^{27} KG
317.8 EARTHS
1/1047 SUN
EQUATORIAL SURFACE GRAVITY
24.79 M/S^2
2.528 G

Yandex Saint Petersburg Office II

Yandex 圣彼得堡第二办公区

Benois Business Center, Saint Petersburg, Russia

摄影： Peter Zaytsev

该项目是Za Bor 建筑事务所与俄罗斯最大的IT公司Yandex在合作上的回归。与Za Bor建筑事务所为Yandex 设计的位于圣彼得堡Benois商务中心的第一处办公区在同一座楼内，Yandex 圣彼得堡第二办公区在面积上几乎是前者的2倍——该办公区占据了这栋大楼的整整4个楼层，拥有一条约200 m长的走廊（总建筑面积为3310 m²）。然而，规模并不是最主要的，客户所想要的是“无与伦比的办公区”。

设计师面临两大挑战：一是要组织好沿中心走廊设置的相当复杂的空间；二是将办公区打造得醒目而富有特色。

经过深思熟虑之后，设计师决定采用双载式的区域划分方式，设有会议“单元”区、工作区以及沿走廊设置独特的空间区域。

而设计的亮点在于，将办公空间变成了Yandex的网络服务系统，使得访客和员工都参与其中，而人们所习惯的2D屏幕则转换成了3D模式，在一些地方微缩的“图标”拥有了巨大的规模。说到功能，一眼看过去，很多主要元素都似乎是装饰性的但又兼具其他功能，比如，螺旋性元素将非正式的沟通区与走廊分隔开来；聚合式“水母”钟中设置了网络打印机站等设施。这些元素就像是从墙体上迸发出来的一样，亮丽的色彩和四处散落的图标引领着访客穿越办公区，并且也激发了办公区员工的工作热情。

该项目相当复杂，在圣彼得堡乃至俄罗斯全国，都未曾有人尝试过这样的空间设计。故而，很多空间解决方案均是在设计师的监督下现场完成的。设计的难点并不在于3D技术——其是按照广告设计技术打造的（其内布满了聚苯乙烯泡沫，满足了所有的防火和环境安全标准），另一方面，“剑片”式的顶棚相当难以安装。

办公区为24小时工作制。该项目还拥有设施齐全的各色休闲区。办公区设有健身房、餐厅、淋浴设施以及几处咖啡馆。正式和非正式的沟通区、2处礼堂和工作区均配备有Herman Miller和Walter Knoll体系，这使该办公区成为一处吸引人的场所，必然会使工作成为令人愉悦的消遣活动。

设计公司

Za Bor Architects

设计师

Arseniy Borisenko, Peter Zaytsev

项目面积

3310 m²

项目时间

2011～2012年

XML
ЛОГИН

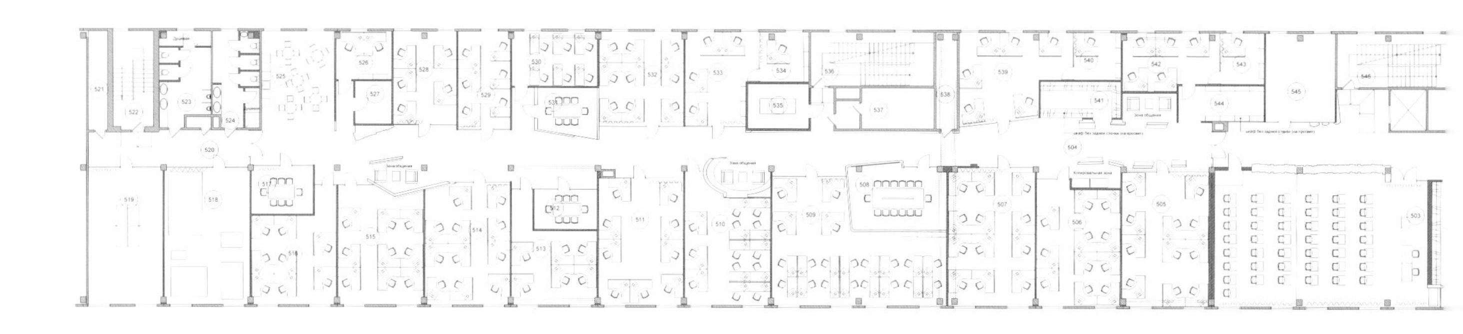

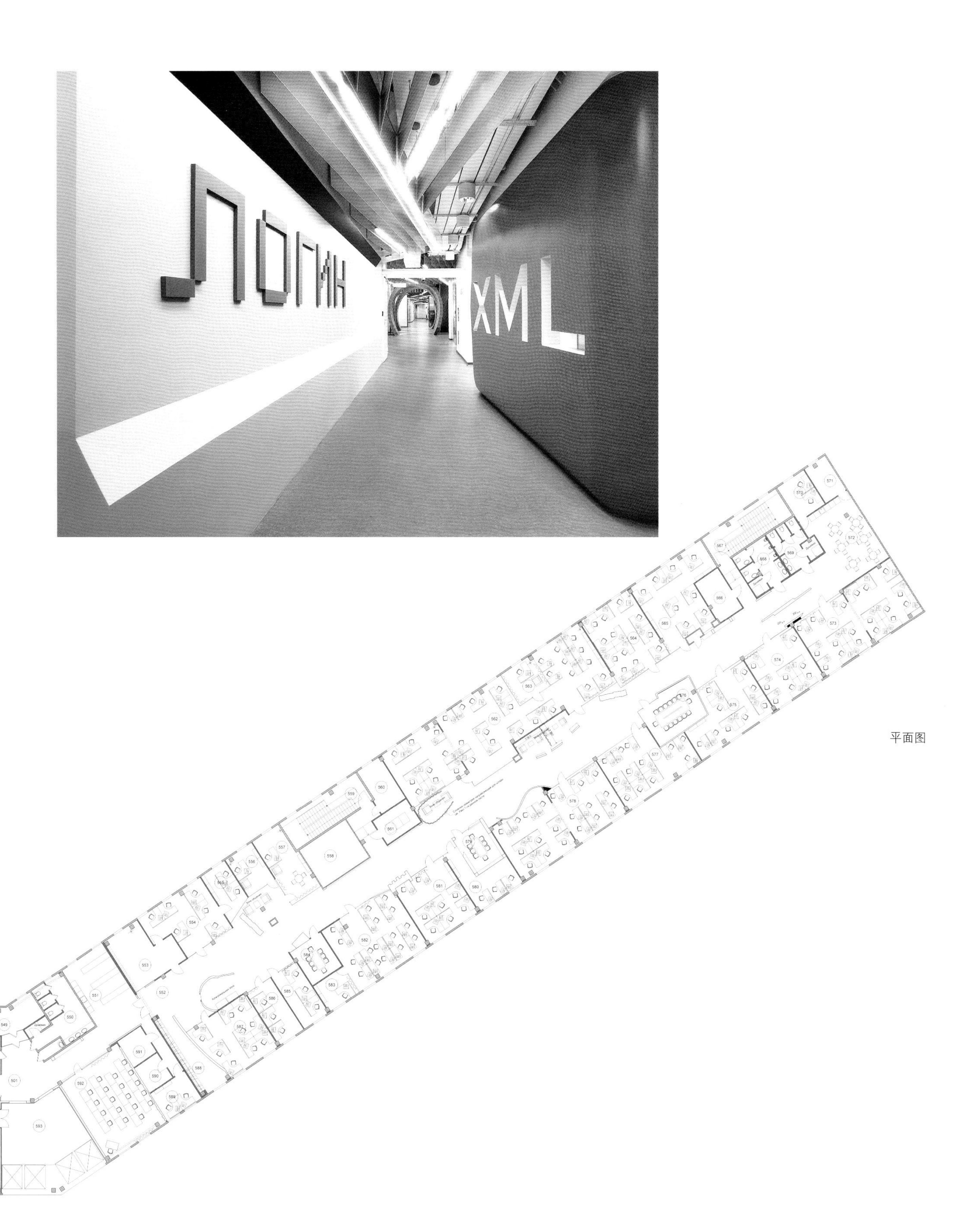

平面图

3505

Найти

3573

XML

3531
Пять углов

пароль

Manchester Square Offices　伦敦曼彻斯特广场办公区

West End, London

摄影： James Silverman

这是为一家俄罗斯投资公司打造的办公空间设计方案，项目位于伦敦西区。主要设计目标是打造“具有高冲击力、富有特色的21世纪的办公空间”。与传统办公空间相比，其更像是绅士俱乐部。

客户曾在伦敦西区拥有2处不同位置的办公区，相当拥挤。其委托SHH打造新的办公区，将公司所有员工整合到同一屋檐下，以提升其在伦敦的工作执行力。

尽管该项目的前身是乔治亚王朝时期的联排别墅（前部有马厩，后部有马厩改建建筑），客户对空间方案持开放态度，中意富于时代特色的空间设计。

该建筑共有5层，后部马厩建筑有2层，上层的马厩空间与主体空间相呼应。这两部分原先通过开放式庭院相连接，SHH将其打造成为有庇荫的通道，在任何条件下都方便人们通行。

新建的规模宏大的空间中，各个办公区域在色彩饱和度和正式性方面各不相同——既有减压室，也有办公室和别致的会议室。该办公空间能容纳5位公司主管和大约20位行政人员，还有各种办公设施。建筑1层设有正式空间，2层会议区的设计比较随意，且设有视频会议室。

设计公司
SHH Architects

项目面积
759.95 m²

项目支持
墙面设计：Hugo Dalton
吊灯设计：Michael Anastassiades

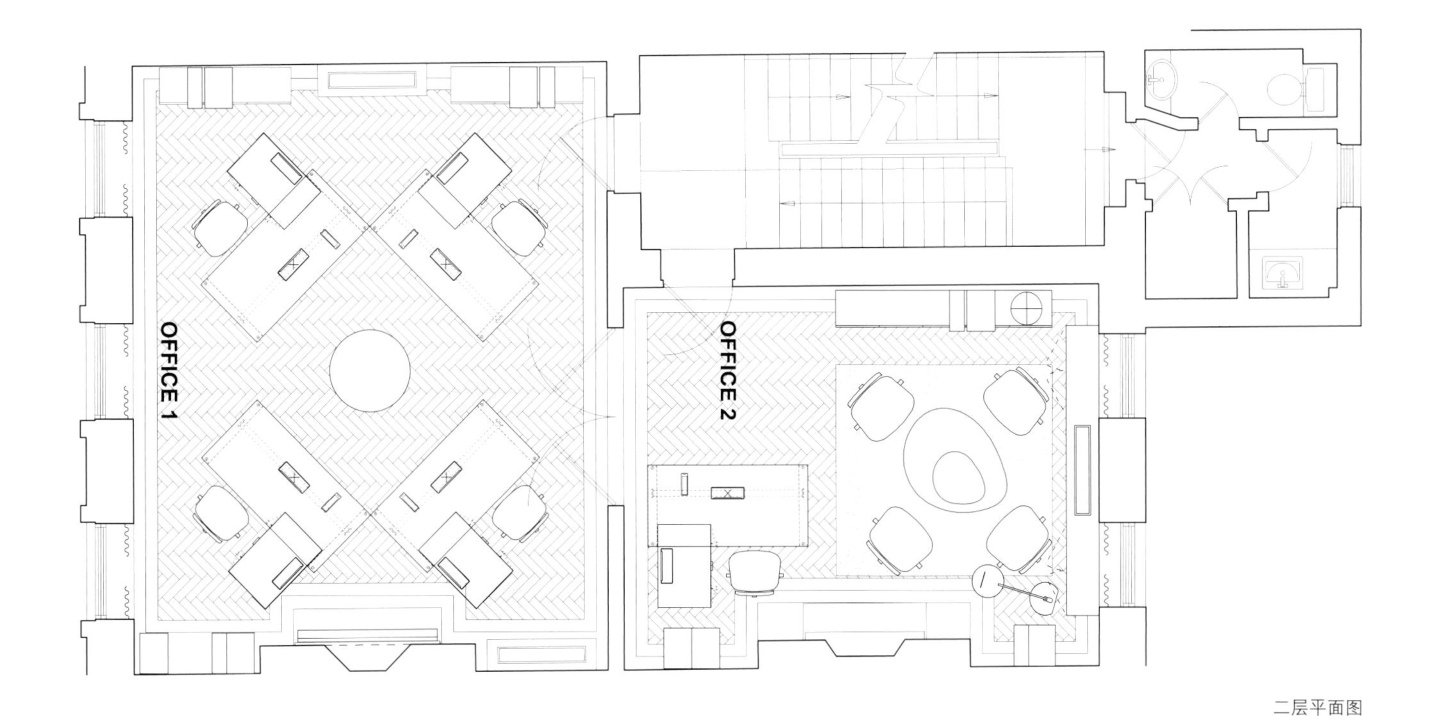

二层平面图

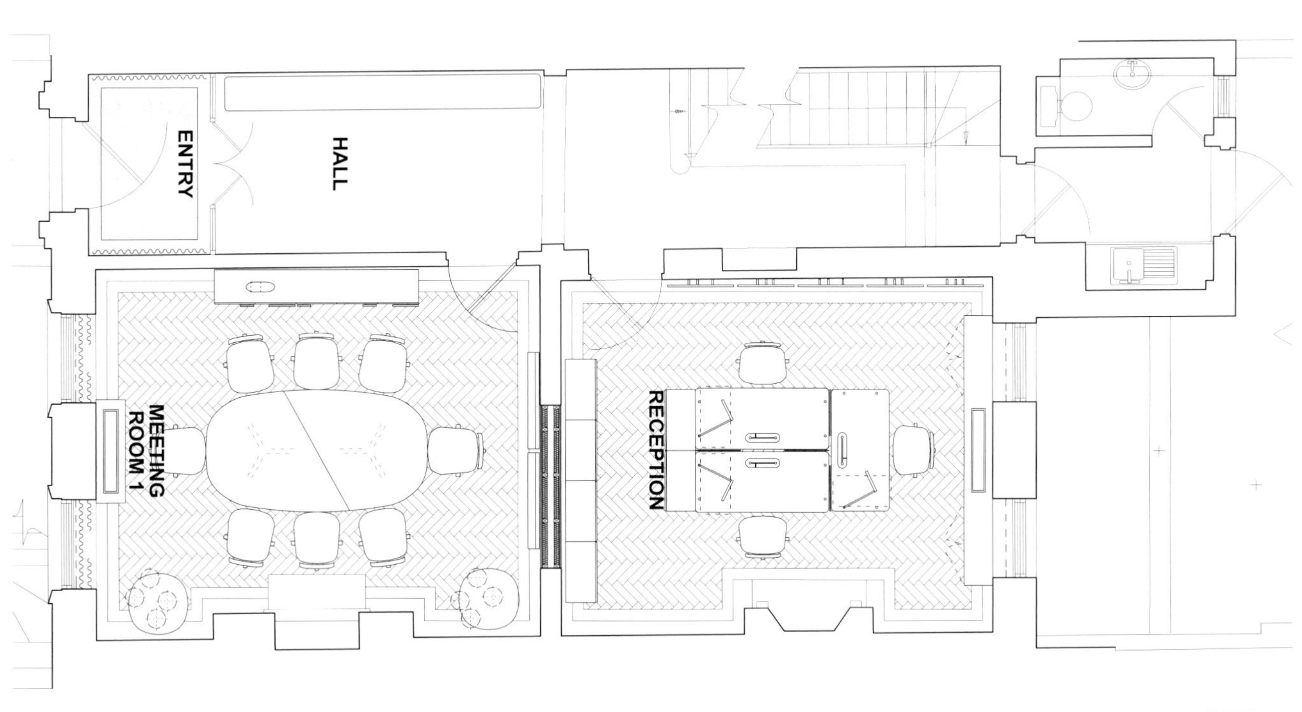

首层平面图

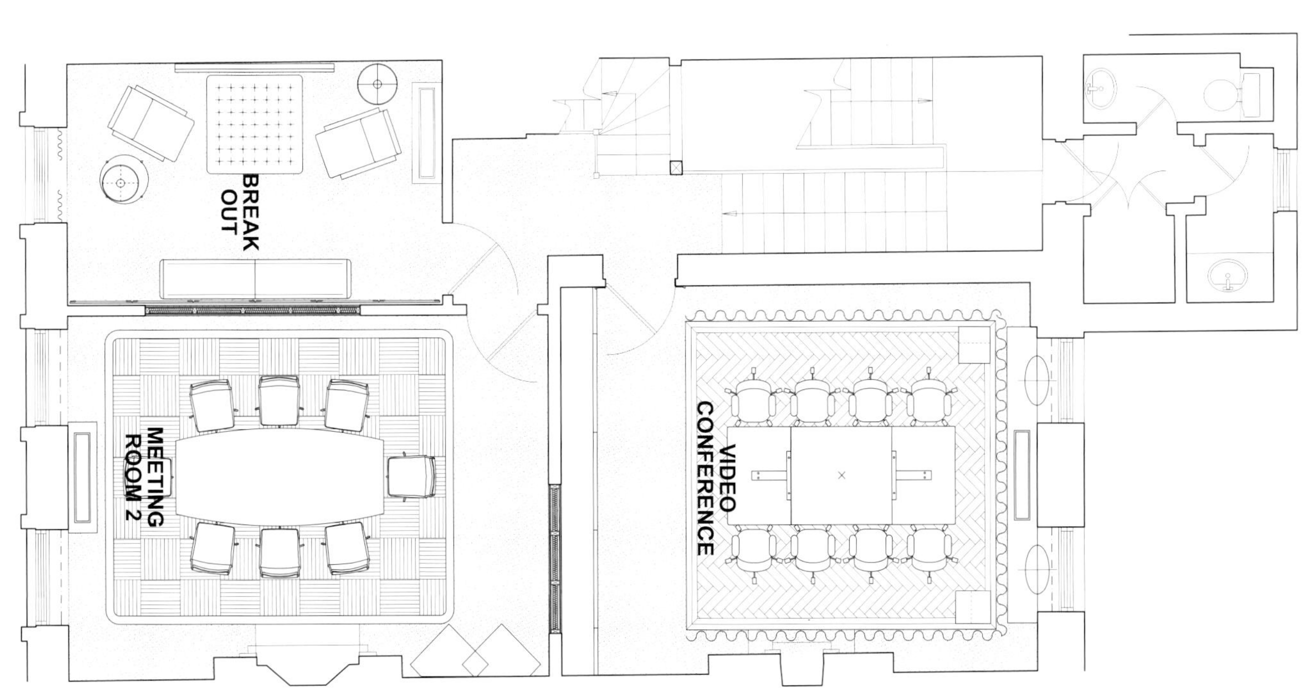

三层平面图

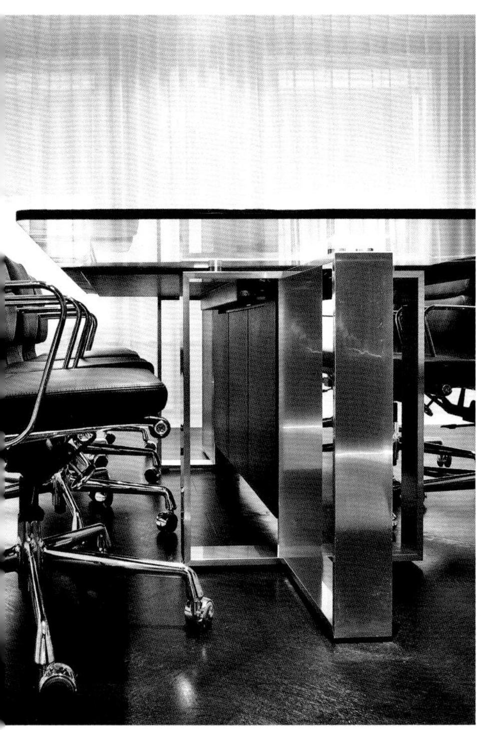

Ornament

EMKE Office Building

EMKE办公楼

Budapest, Hungary

摄影： Bujnovszky Tamás

EMKE办公楼始建于1992年，是布达佩斯新一代西式公共建筑之一。后来决定对其进行整修，对整个MEP体系进行现代化处理，并在建筑的1层打造一处全新的小型租赁区，可从街道直接到达该区域。

设计师将主入口和入口通道迁移到高一点的楼层上。这样，当访客站在宏伟高大、拥有玻璃屋顶的中庭等电梯的时候会对该办公区留下深刻的印象。建筑的新功能区也可设置在建筑的角落位置，对于站在广场和大街上的人来说，这样的空间设计也更为醒目。

空间氛围的营造源于绿色元素的广泛应用。从一侧看，室内空间更像是公共空间和办公区之间的过渡，这是一处半公共的空间。从另一侧看，这也像是一处自然景观，建筑中心成为城市中的绿岛，为办公区工作人员及其客户、访客注入无穷活力。

其主要设计理念是为公共功能提供一处尽可能大的空间，这样所有的空间都呈现开放姿态，这种开放不仅体现在视觉关联上，也体现在出入的便捷性上。

因为内部空间的绝大部分都要保持不变，故而在设计方案中只新建了一些小型的结构。虽然有一些元素需要重建，但是整体空间色调仍为白色，所有新加的结构均为独立式的，凸出于整体结构，又不觉突兀。

等候区是一处独立设施，看上去像一处向上折叠起来的结构，其中设置了诸多绿植区，将可能兴建的新功能藏在绿植后方，并使休息区看上去更加亲切。

接待桌设有曲线式的玻璃表面，神似河流的波浪，寓意着这里是人流、信息流的汇聚之地，当然也是一处社交场所。

基于中庭的玻璃屋顶，空间具有较大的景深，设计师应用了尽可能多的玻璃，墙体多被白色玻璃覆盖。只有一处例外，即电梯的墙体，其为黑色的。为了更好地保证人们在建筑内的方向感，这一例外确立了垂直交通空间所在。

因为有了新的布局，通过中庭即可进入电梯。传动轴的新建界墙以及电梯侧面均使用无框架玻璃打造而成，承重结构也是如此。

设计公司
LAB5 Architects

项目面积
18 800 m²

项目时间
2012年

剖面图

designed by
LABS

EXPRESSO
CAFE

EXPRESSO CAFÉ BÁR
EXPRESSO CAFÉ

Office 03

Gummo新建办公区

Amsterdan, The Netherlands

摄影： i29 I Interior Architects

Gummo位于阿姆斯特丹，是一家提供全程服务的独立广告公司。

Gummo租赁阿姆斯特丹Parool新闻大厦的1层空间，i29设计事务所遵从“减少消耗、重新利用、循环利用”的原则，为其打造一处富有特色的办公空间，尽可能减少对周边环境的影响，并保持较低的造价。设计主题体现了Gummo的特色和设计哲学——简单、简洁、实际，同时又极具特色。办公空间中的一切均与白灰相间的新建建筑外观相协调。所有的家具是通过Marktplaats（荷兰的eBay）在本地采购的，或是来自慈善商店，又或者是旧办公区所残留的物品。所有的物件均使用聚脲喷涂（一种环保涂料）进行处理，以适应新的色彩。作为一项完美的设计案例，该新建办公区探讨了如何以时髦的方式、最低的造价来打造现代办公空间。通过为旧的、修补好的物品打造新的外观，该操作赋予旧家具以新的潜能和灵魂。

设计公司

i29 I Interior Architects

项目面积

450 m²

项目时间

2009年2月

项目支持

墙体和顶棚：混凝土/嵌板顶棚
定制家具：合成涂层中密度纤维板
家具：合成涂层二手家具

ADVERTISING TODAY
ARAKI

Wish

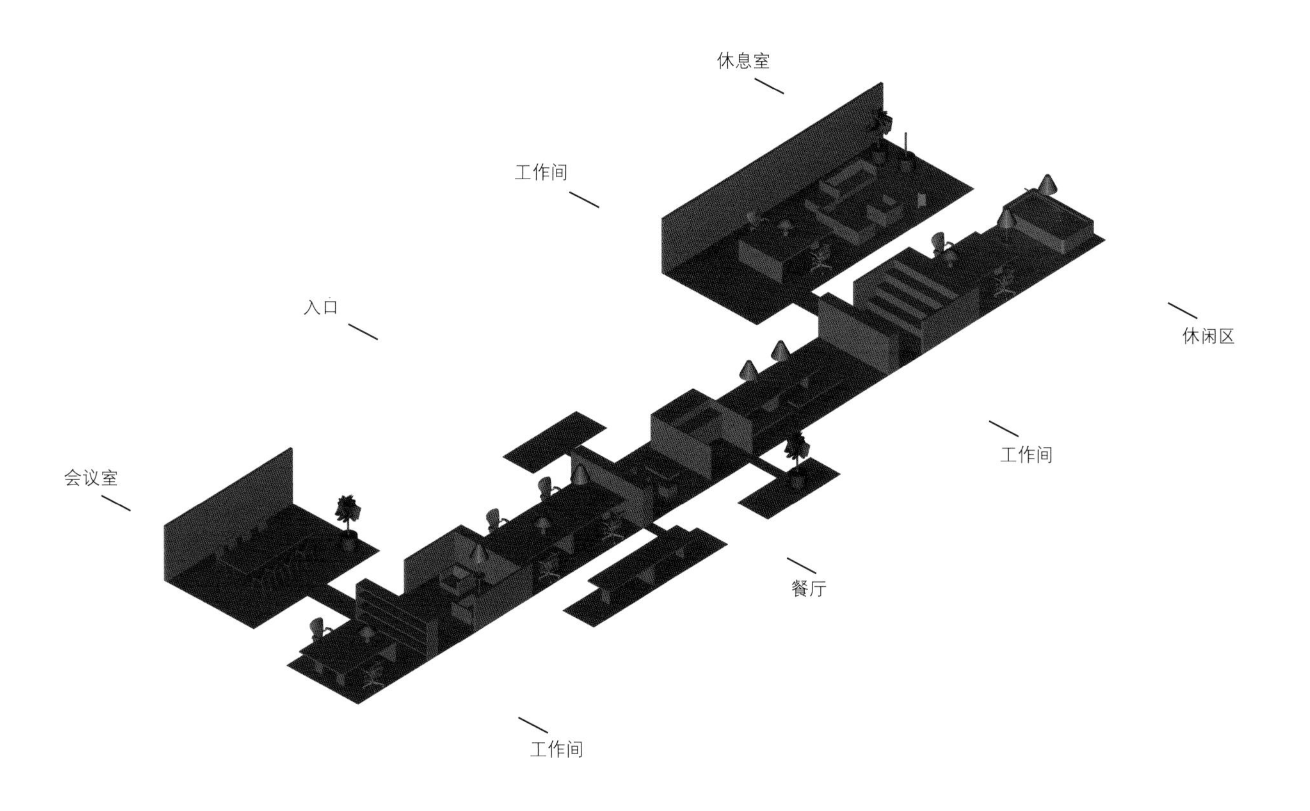

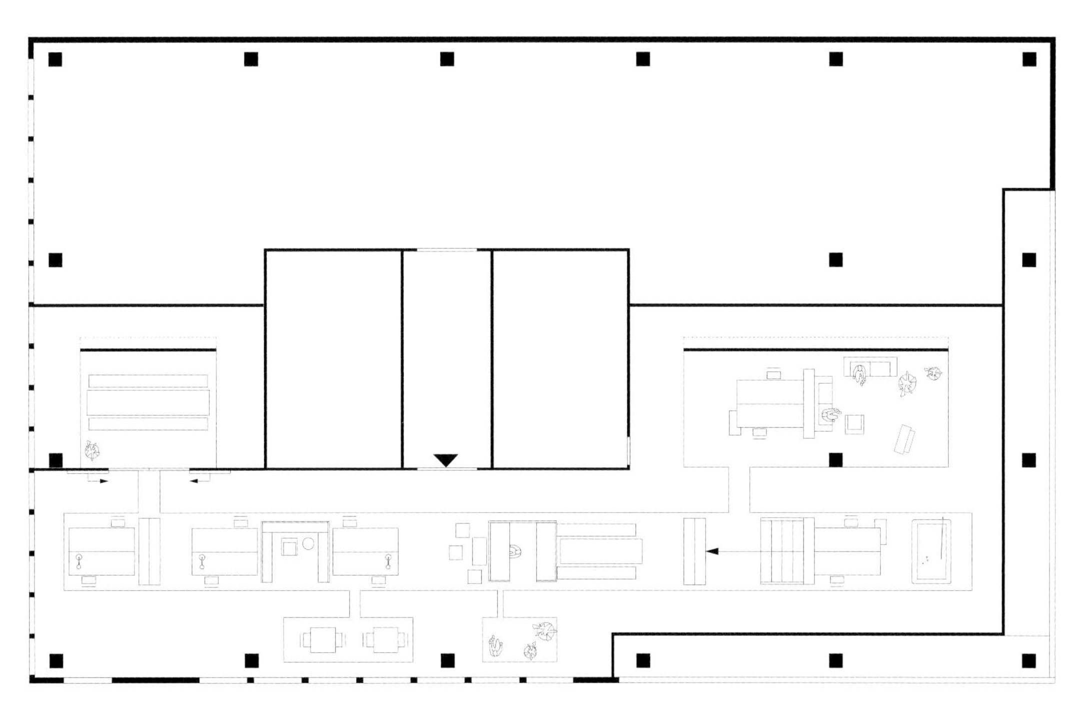

平面图

WILLEM DE KONING
MEDIA COLLEGE
FONTYS
HKU
HKA
ARTEZ
MAASTRICHT
HET PAROOL
BOOMERANG
AT5 PR
NL20 PR
ITEMS PR
NS
GVB
SHOE
STAAT
ANTON BEEKE
TM 4 RVZ.

iMac

Yandex Odessa Office

Yandex敖德萨市办公区

Odessa, Ukraine

摄影： Peter Zaytsev

本项目是Yandex公司在乌克兰敖德萨开设的新的办公区。其坐落在Morskoy-2商务中心的8楼。这处1760 m^2的办公区围绕着光源展开设计，共有122处工作区。靠近中庭的空间设置有会议室、大讲堂和其他设施，因为这些空间不经常使用，所以不需要集中照明。工作区为开放式空间，主要沿窗户设计。值得注意的是这些窗户均面对着黑海和风景如画的敖德萨港口。该办公区设有几处相互分隔开来的区域：咖啡屋、会议室、食堂、设有桌球场地的运动区、足球场地、医疗设施和体操辅助设施。

网络和电子通信设施分布在顶棚中，电线隐藏在户外活动区域的地板下方。

Za Bor建筑事务所的建筑师是这样评价其设计理念的：我们想要打造一处极具代表性的办公空间，其必须是卓越的、令人印象深刻的。敖德萨是一座海滨城市，也基于此，我们想要以潜移默化的方式将海滨这一主题利用起来。海滨主题被以柔和的方式应用在装饰设计中。比如，这里有航帆式的光发散器，墙体覆以铜材料（这会使人们联想到锈迹斑斑的船体或汽船的锅炉），这儿还有大型的圆镜，看上去就像是反射镜，而白色的流线型花盆与现代的游艇或者潜艇有很多相似之处。蓝色的地毯和窗户着色进一步强化了这种海洋氛围。尽管如此，所有这些装饰元素都有其特定的功能，比如，“风帆”有隔音效果；花盆是一种有效的分区元素——将工作区与走廊分隔开来；窗户凸显了海洋设计美学，通过深黄色的结构元素赋予人们欣赏海港的绝佳视野。

该项目具有诸多极为复杂的细节，比如铜质墙体覆层是通过2次尝试才打造成功的：通过不断尝试各种试剂，最终选择了醋酸才达到了所需效果。21处风格各异的风帆，每一处均是独一无二的，这些风帆不仅使光线更加柔和，并且同Ecophon声学材料（设置在工作区的顶棚上）共同营造出了极好的隔音效果。接待区顶棚的木质元素进一步强化了隔音效果，这种设计会使我们联想到木船的设计细节。接待桌以及Yandex办公空间中的其他桌子也是定制的，具有独特的几何构造，而其外观会使我们联想到箭状物。

极为有趣的是，这里的地板设计也非常独特：镶木地板朝向不同，具有几何韵律，可丽耐大理石的白色条纹进一步强化了这种几何效果。

设计公司
Za Bor Architects

设计师
Arseniy Borisenko,Peter Zaytsev

项目面积
1760 m^2

项目时间
2012年2月

Соборка

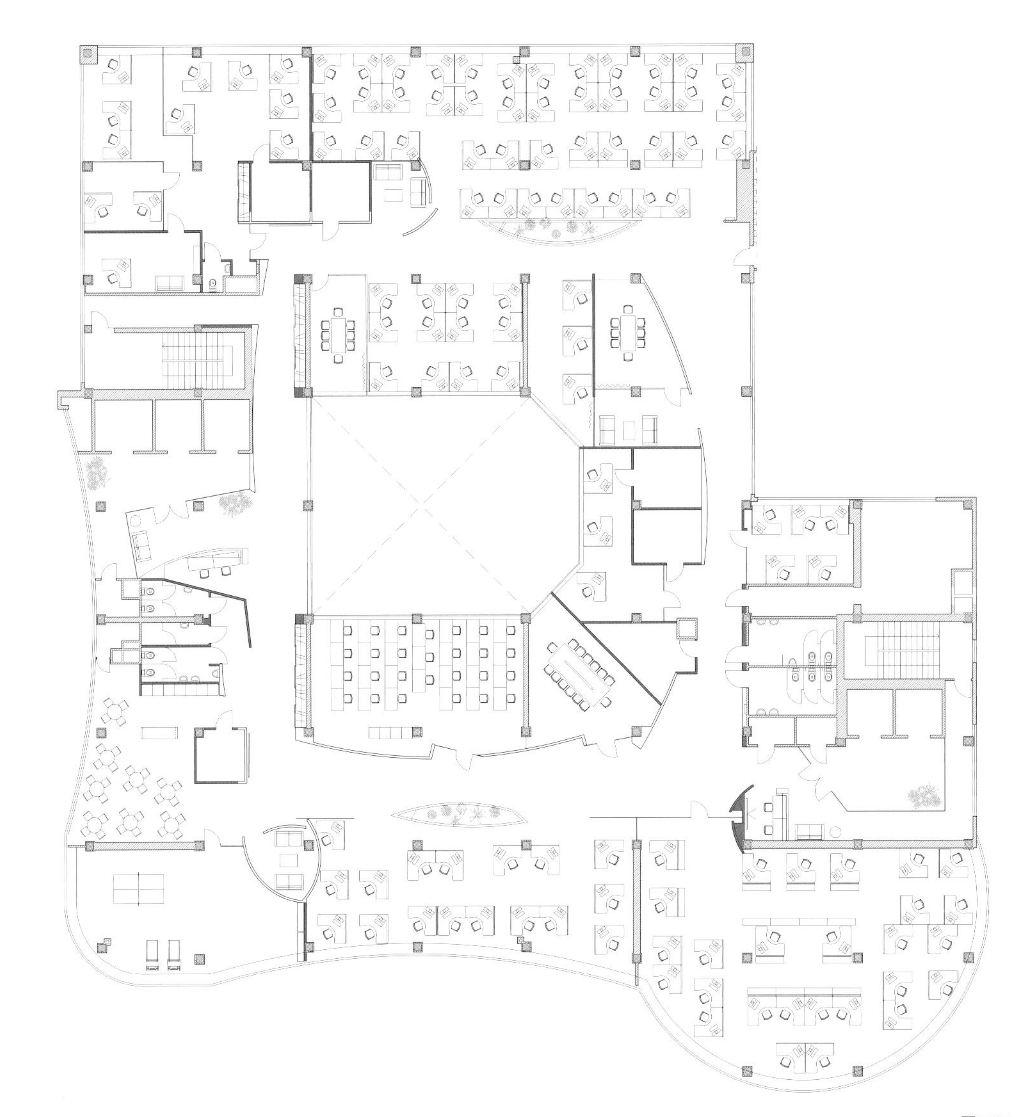

平面图

Бугаз

Порто-Франко

Дюковская

Лиман

Соборка

Порто-Франко

Порто-Франко

Yandex Saint Petersburg III　Yandex圣彼得堡第三办公区

Saint Petersburg, Russia

摄影： Stas Medvedev

Yandex公司将该办公区项目看作是其Benois商务中心现有办公区的有益补充。其是2012年完工的5楼办公区和2008年投入使用的4楼第一处办公区的二期项目。该项目位于4楼，项目主要任务是将其与一期办公区联系起来。一期办公区已经投入使用相当长的时间。

就像其他办公区一样，该办公区拥有许多供三两人进行非正式交流的小型空间，其延长的走廊将商务中心楼层串联在一起。该走廊是Benois商务中心所有项目中最大的挑战，因为打造这样一个长方形的空间实属不易。该办公区最终被打造成了走廊——办公区体系。也就是说，沿走廊可以看到为员工们设置的橱柜和小型开放式空间，当然还有一些娱乐休闲区，比如瑜伽室、医疗按摩室、咖啡馆等。

为了打造该办公区，设计师使用了最新的合成材料，其能满足最高的生态需求和防火安全要求。另外，将走廊、餐厅和图书馆中杂乱的破损物品用油毡或照片式壁纸进行覆盖，以达到美观的效果。办公室具有非常复杂的顶棚设计元素，比如悬在墙体上的白色薄片，除了装饰性功能之外，这些元素同办公区装修使用的吸音材料一起具有吸音、隔音的功效。

走廊中复杂的几何元素和亮丽的色彩帮助办公区客人和员工确定其在办公区中的方位，在这么长的走廊中具有方向感至关重要。复杂的元素均是定制完成后现场安装的。有趣的是，该项目中，站在走廊可以看到顶棚上悬挂着的五颜六色的吊灯，这些灯具也是定制生产的。

设计公司
Za Bor Architects

设计师
Peter Zaytsev, Arseniy Borisenko

项目时间
2012年9月

项目支持
地板设计：Armstrong, InterfaceFlor.
家具设计：Herman Miller, Walter Knoll
灯具设计：Za Bor Architects

3457

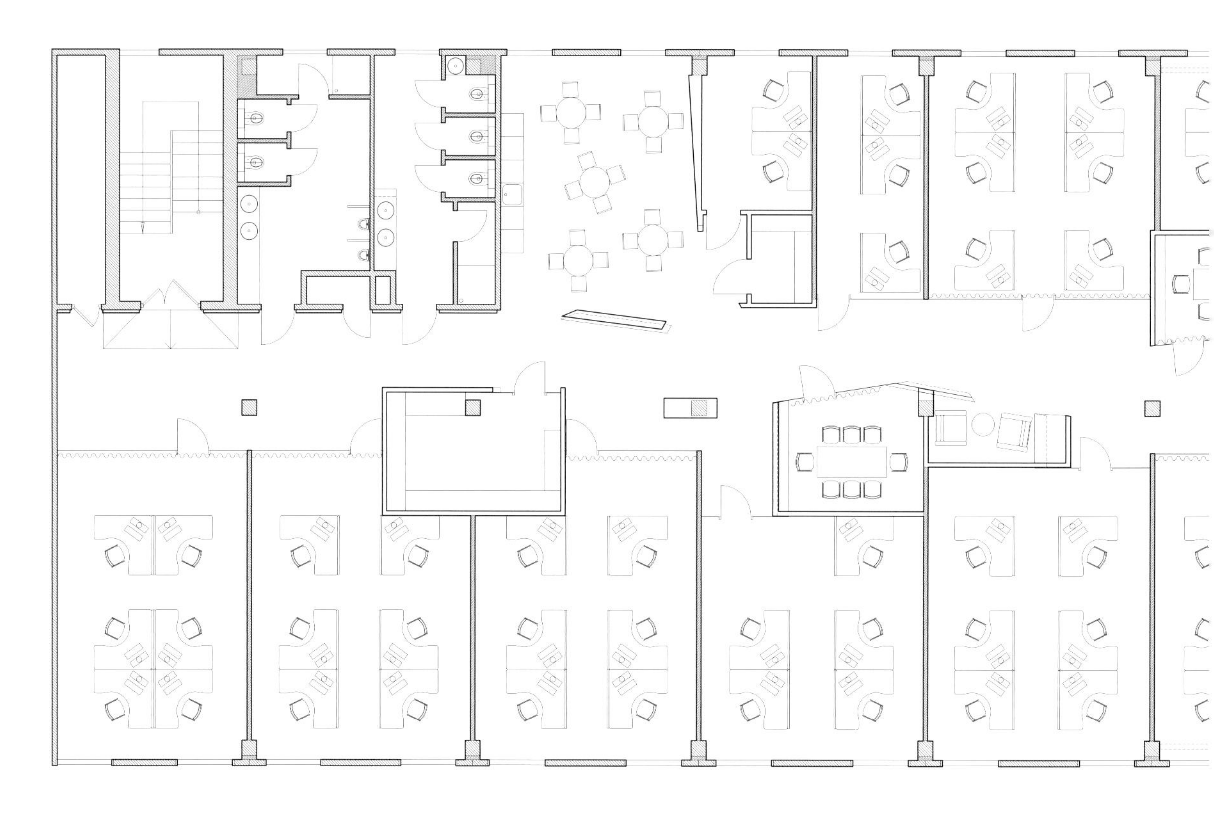

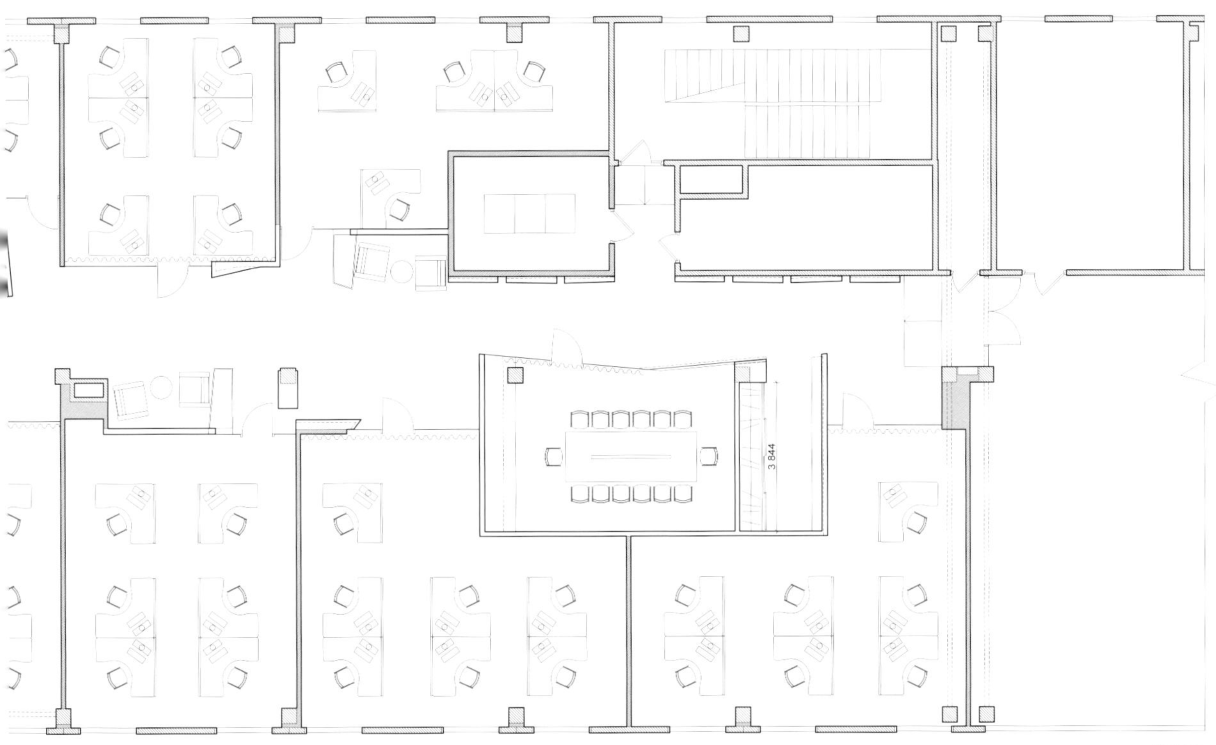

平面图

3474

3470
3460
STALINGRAD
JONAS GARDELL
VISUELLE ORDBOG
EXCELLENCE

KNOTS
BILL BRYSON
MICHAEL MOORE
THORPE
THE ART BOOK
ANDERS BECKMANS SKOLA
3469

ВЫХОД

THQ Studio

THQ工作室

Montreal, Quebec, Canada

摄影： Claude-Simon Langlois

THQ是一家美国视频游戏研发商和出版商，其在2010年蒙特利尔开设了旗下最大的研发工作室，该项目位于魁北克蒙特利尔，项目由id+s Design Solutions设计事务所承接，该事务所凭借THQ办公设计项目赢得了2011年度设计大奖。

THQ的研发工作室，前身是一栋历史悠久的建筑——原蒙特利尔公报总部，占据2个楼层，面积约达5300 m^2。

这个大体量的办公室能同时容纳400人办公，承载了THQ公司的多个部门，是公司创意的发源地。客户希望将办公室打造成一个能够促进团队协作的办公环境和社交场所。

两种特征各异的大尺寸楼面板将楼面划分成两个部分。颜色氛围较深的属于艺术设计部门，另一部分的颜色则较为鲜亮，是带有户外格调的蜂巢状的工作站以及木质“滑板公园”平台。

巨型的金属管道营造出树干和路灯柱的抽象意境，管道内铺设有电线和通信电缆。两个地带之间以一条巨大的白色“隧道”相连接，“隧道”贯通了社交空间和办公空间。

餐厅化为户外的休息据点，放映室可以媲美小剧场，会议室的桌子则构成了乒乓球台。

设计公司

id+s Design Solutions

项目面积

5300 m^2

项目时间

2011年

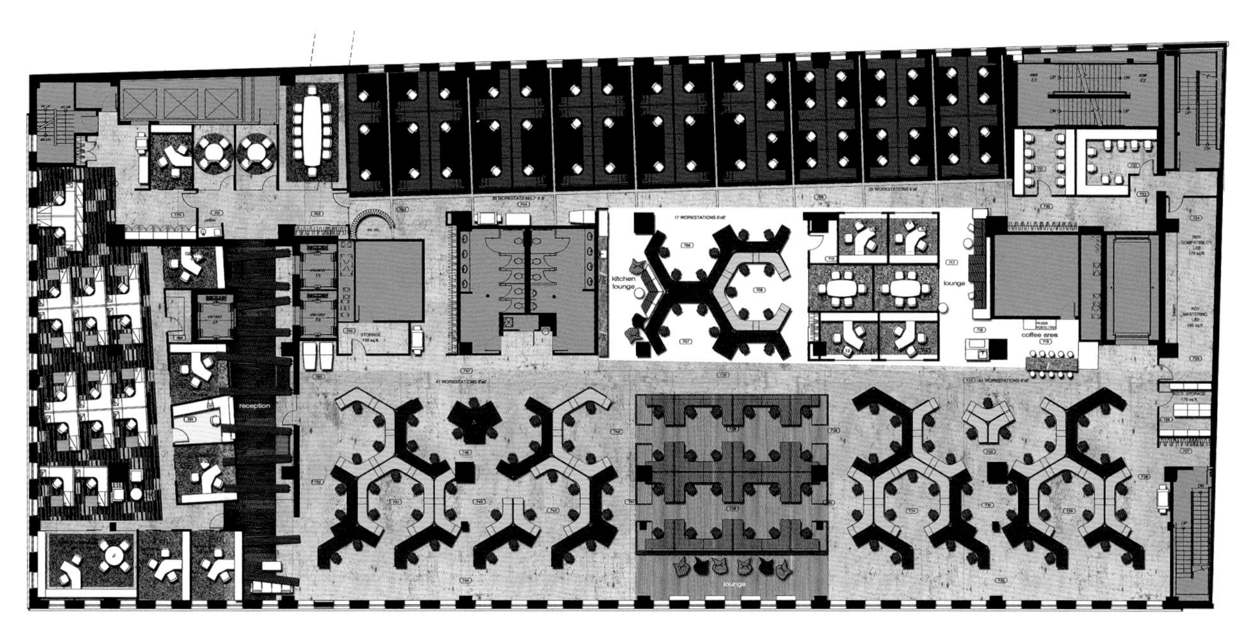
reception
kitchen lounge
lounge
coffee area
lounge

首层平面图

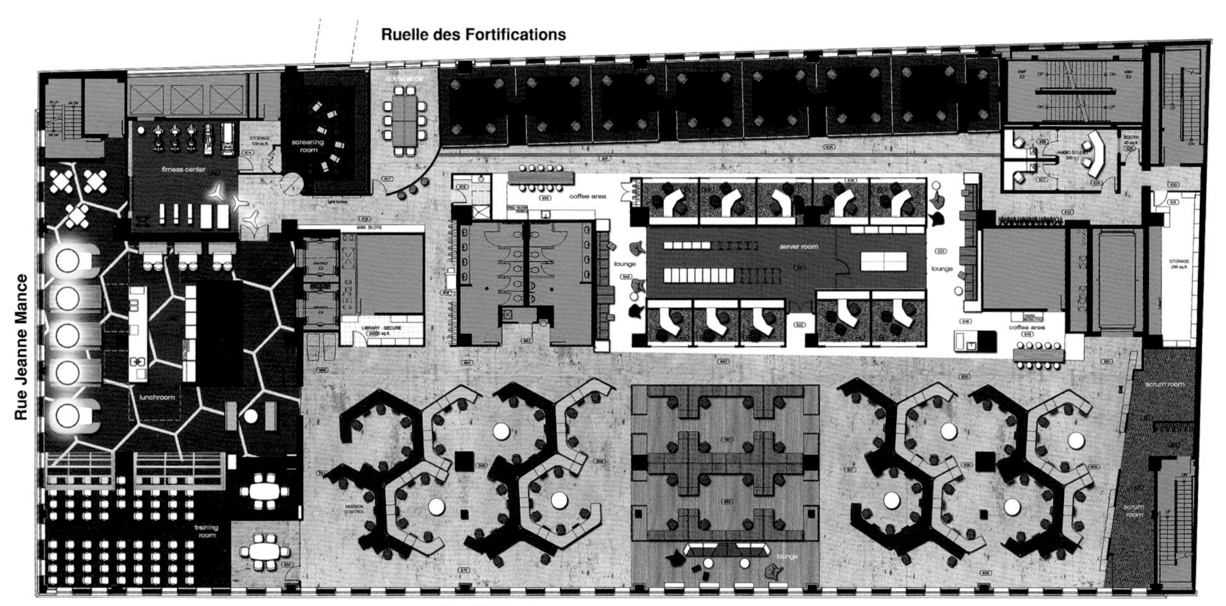
Ruelle des Fortifications
Rue Jeanne Mance
fitness center
screening room
lunchroom
training room
coffee area
lounge
server room
lounge
coffee area
scrum room
scrum room
lounge
Rue St-Antoine

二层平面图

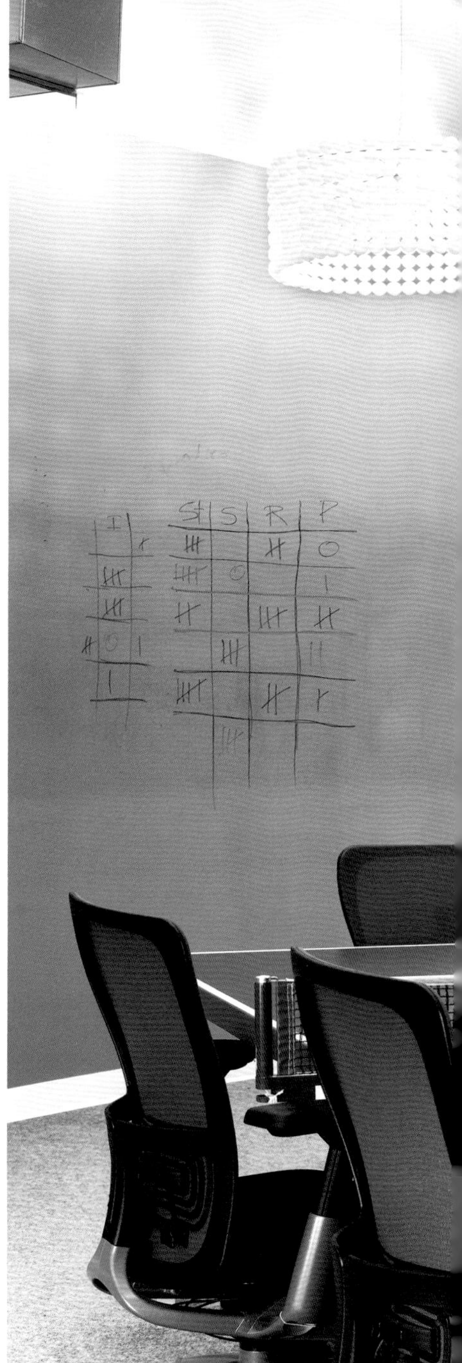

INSTALLATION INFORMATION
LP
LP
APA

Office 05

MediaXplain办公室

Amsterdam, The Netherlands

摄影： Ewout Huibers

在成功开展了与社区工作公司Combiwerk的合作之后，i29室内设计事务所和VMX建筑事务所又一次倾情携手，致力于将建筑设计和室内设计完美融合。对于客户MediaXplain而言，开敞而舒适的办公空间在阿姆斯特丹旧港de Houthavens得到了实现。

设计师将地块优势充分利用起来，完全开放式立面拥有欣赏水域和码头的极好视野。为了实现这一目标，立面的大型玻璃窗并非横平竖直，而是设计了一定角度（类似于船舶驾驶室），以消除玻璃的折射作用。

内部空间设计也体现了该区域的工业背景。作为一处开放式的办公区，建筑中心位置设有一处大型的开放式空间。依赖建筑的未经加工的混凝土墙和开放式布局，设计师希望打造拥有匹配建筑材料的室内设计，比如粗糙的橡木、黑色的墙体和家具、定制设计的混凝土地毯、灰色的声学顶棚以及将两处办公区联系在一起的大型工业用楼梯。

员工们坐在使用粗糙橡木打造的大桌边工作，还可以俯瞰着前方海港的美景。后方设有私人办公区、会议室、打印室和储藏室。一条走廊贯通整座建筑，将不同空间部分联系在一起，该走廊拥有黑色墙体、顶棚和地板。从主办公区看过去，该走廊还拥有“影院”功能，设有大型的投影墙壁，可展示数码作品，这主要是为MediaXplain的客户活动而设计的。

设计公司

i29 I Interior Architects, VMX Architects

设计师

Rune Fjord, Rosan Bosch

项目面积

1000 m²

项目时间

2012年

材料

地毯、橡木、hpl、混凝土、织物、喷雾天花板、家具均为定制。

mediaxplain

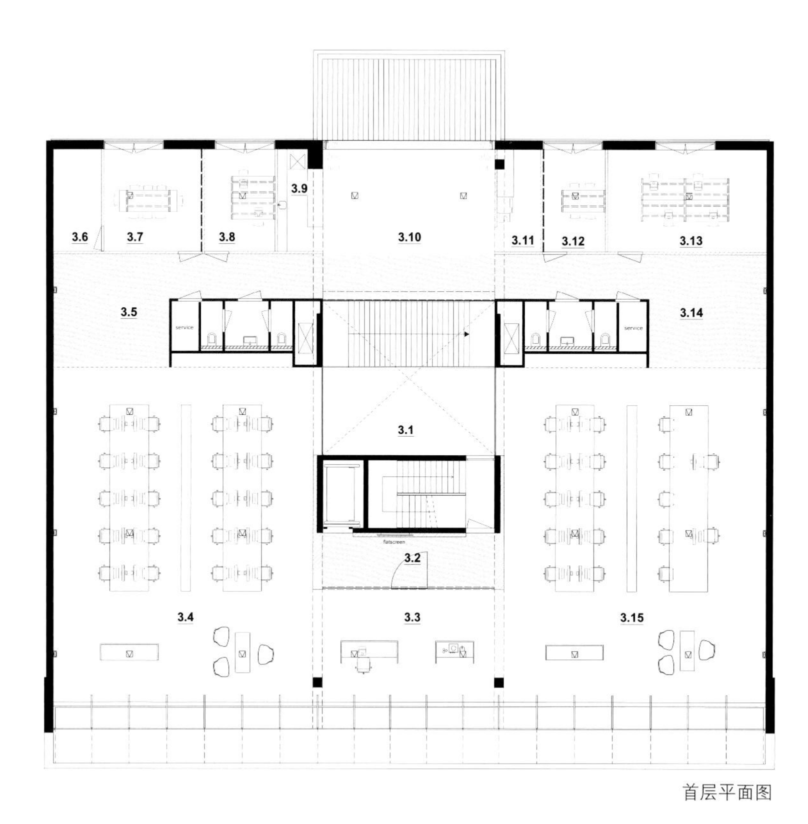

3.1-中庭
3.2-入口
3.3-吧台
3.4-等候区
3.5-放映室
3.6-服务器机房
3.7-会议室
3.8-工作间
3.9- 吧台
3.10-会议室
3.11-文印室
3.12-会议室
3.13-财务室
3.14-放映室
3.15-工作间

首层平面图

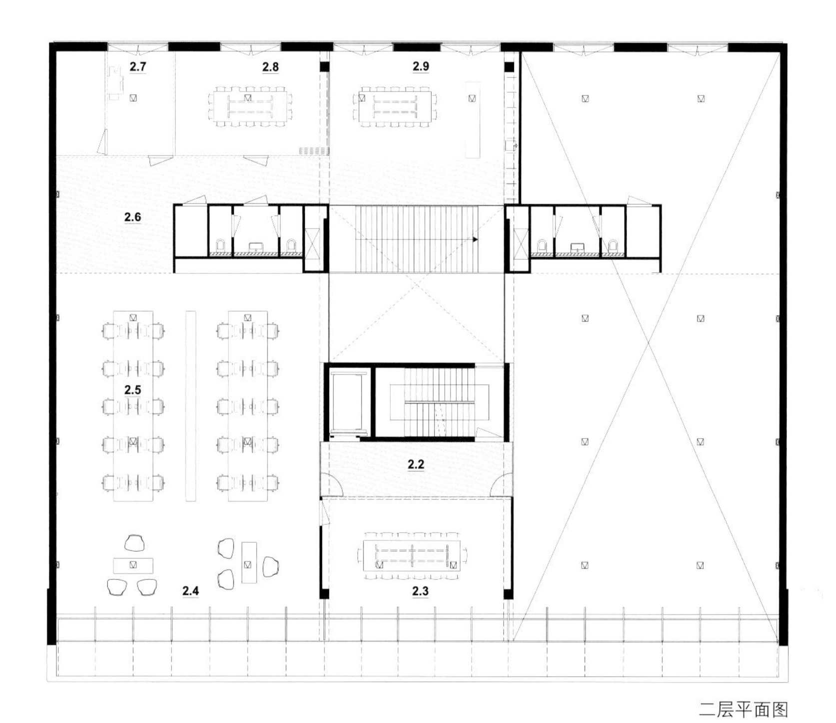

2.2-入口
2.3-小型会议室
2.4-大型会议室
2.5-工作区
2.6-放映室
2.7-档案室
2.8-餐厅
2.9-餐厅\酒吧

二层平面图

MEDIAXPLAIN

Top Time Office

Top Time办公区

Central Business District, Beijing, China

Top Time 办公区坐落于北京繁华的CBD中心区一处安静的老厂区内，这是一间为从事影视行业人士和创意人士提供的办公场所。设计师尽可能地保留了原来老厂房的墙体和顶棚，取义“影视梦工厂”的概念，利用多个色彩艳丽的精致玻璃盒子并结合钢板、钢筋等粗犷的建材，精心地进行解构、组合、搭建。在近乎全白的调性中对会议、办公、化妆、试装、洽谈、接待等区间开展合理的划分和布局，打造出一个令人欣喜、团结统一的创意有机体。特别设计的、超长的工作吊灯和吊装的顶棚照明设施在纯白的空气中则显得尤其张扬、活力四射，将空间设计的精神和使用者的性情串联起来，结合得天衣无缝。

设计公司
西玛设计工程（香港）有限公司

设计师
Li Bo, Wen Jie

项目面积
541 m^2

项目时间
2012年6月

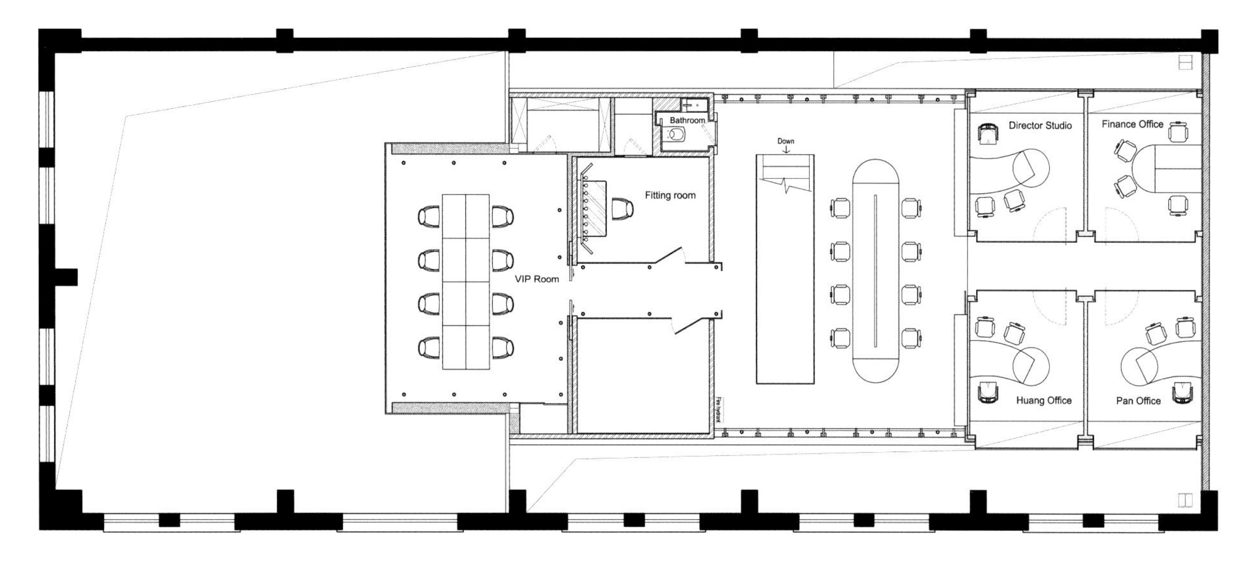

Bathroom
Down
Director Studio
Finance Office
Fitting room
VIP Room
Huang Office
Pan Office

首层平面图

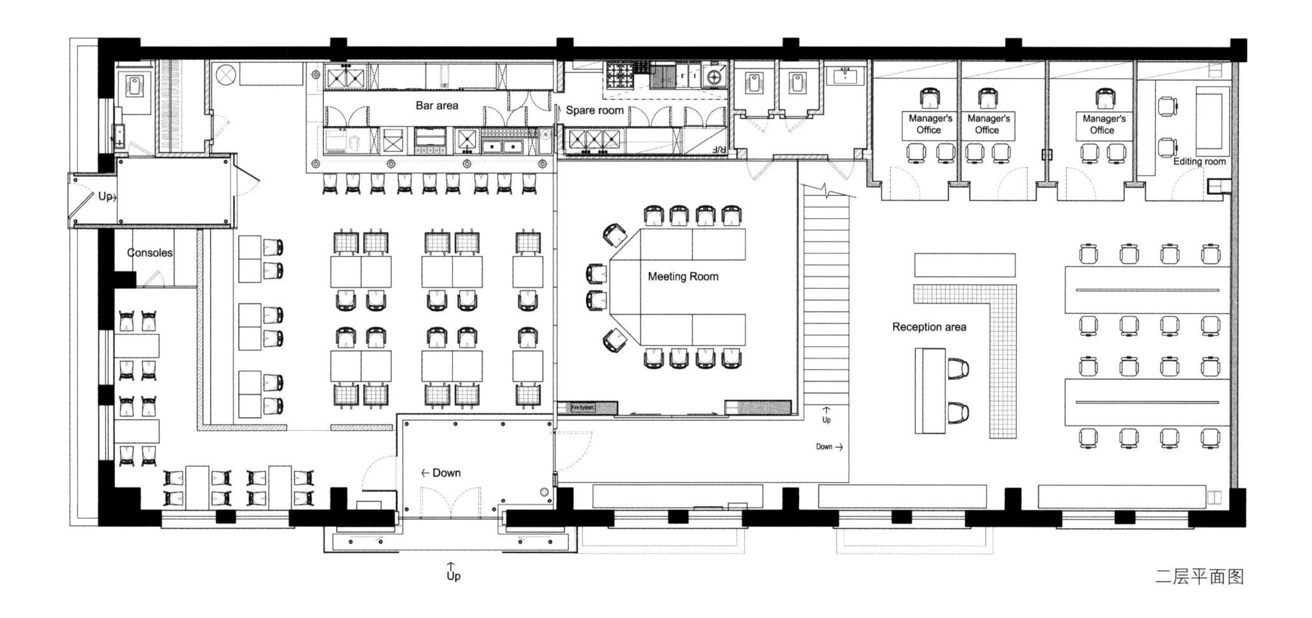

Bar area
Spare room
Manager's Office
Manager's Office
Manager's Office
Editing room
Up
Consoles
Meeting Room
Reception area
Up
Down
← Down
Up

二层平面图

Ansarada Project

悉尼办公室

Sydney, Australia

摄影： Brett Boardman

Ansarada是为世界范围内的大型商务交流提供虚拟数据的公司。它在全球范围内都设有办事机构，并与世界上最优秀的金融服务公司和投资银行合作。然而，其仍然深深扎根于悉尼，现坐落在海港边上，正对着著名的悉尼歌剧院，且还位于悉尼海拔较低的乔治大街（建于1912年~1916年）的一处列入遗产名录的地标Metcalfe Bond Store中。

高度发展的技术体系进一步强化了新建工作区的复杂设计，并克服在历史保护性建筑中开展空间设计所面临的诸多挑战。

这是一家在金融数据领域快速成长的公司，拥有50多位年轻的员工，他们长时间在高压下工作。Ansarada首席执行官Sam Riley说过："我们所面对的是虚拟的数据世界，然而我们最重要的资产是数据背后的人。我们想简化事物，而不是相反，不仅仅需要应对产品界面，也是为了我们的客户，我们还需关注团队的工作方式。我们想要使新建的悉尼办公区成为一处真正美妙的空间。它不仅是严肃的，还要有趣、简单、真实、富有时代色彩。我们的工作场所应该反映这些价值观，给我们自己以及客户的生活带来积极正面的影响，而这次的办公设计体现了所有上述目标。"

通过与室内设计机构End of Work的通力合作，Those Architects建筑事务所将设计目标确定为打造一处井然有序的850 m^2的空间。最后呈现的空间效果令人赞叹不已：俯瞰着悉尼港和歌剧院；拥有4处边长9 m的定制工作区；透明的玻璃；灵活的空间设计；巧妙隐藏起来的服务区和技术区；定制细木工和超精彩的细节设计。该空间拥有工作区、视频会议室、会客厅、工作区、休闲区、健身房、厨房、酒吧等。所有空间都拥有激发人触觉、感官的表面设计，不仅使空间活力十足，还带来了自然光和空气。客户以及客户的客户都非常喜欢这样的办公设计。

设计公司
Those Architects, End of Work

设计师
Ben Mitchell
Simon Addinall
Justin Smith
Geordie McKenzie
Goran Momircevski

项目面积
850 m^2

项目时间
2014年

项目支持
建造者：Valmont
结构工程师：Tall Engineers
服务工程师：BSE
细木工制品：Goodes Joinery
声学顾问：Keystone

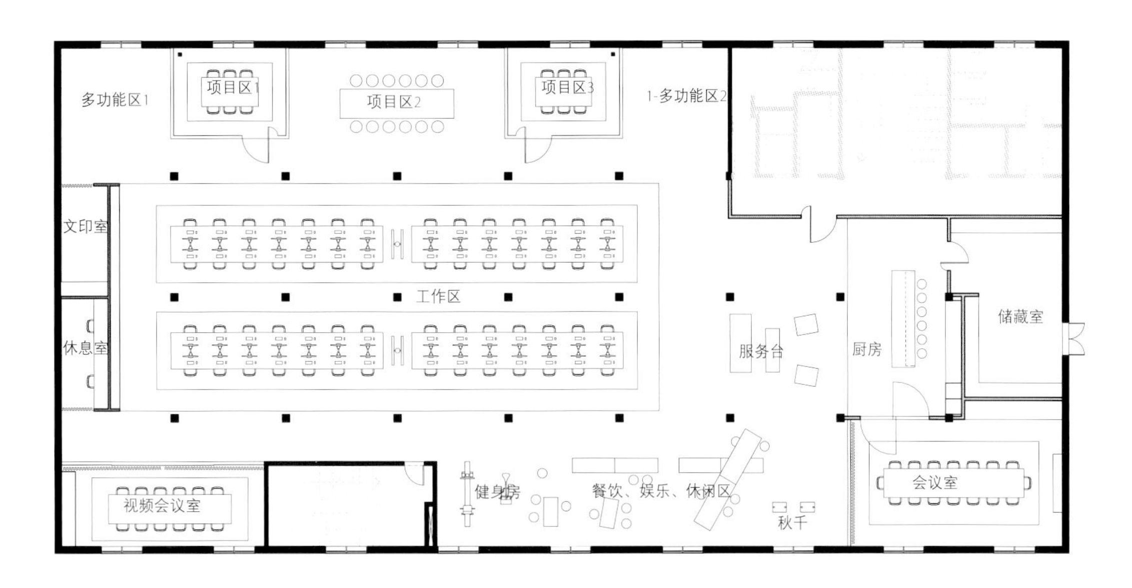
多功能区1
项目区1
项目区2
项目区3
1-多功能区2
文印室
休息室
工作区
服务台
厨房
储藏室
视频会议室
健身房
餐饮、娱乐、休闲区
秋千
会议室

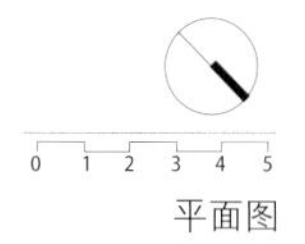
0 1 2 3 4 5

平面图

BBDO Group Advertising Agency Moscow Representative Office

BBDO广告集团莫斯科代表处

Moscow, Russia

摄影： Alexey Knyazev

设计师所面临的挑战是将始建于19世纪的4层楼老厂房打造成全新的广告公司办公楼。办公区要具有艺术气息，而非传统的办公楼。主要设计目标是依照BBDO品牌形象（红色、白色、灰色和黑色），打造富有活力的现代形象，通过颜色将不同的办公空间整合起来，又以各自的服务功能巧妙地突出它们之间的差异。

建筑1层设计成为一处陈列空间，从户外街道上就可以直接看到公司的形象。1层还拥有非常舒适的公共区，对员工和客户开放。剩余3个楼层为广告公司的工作区。入口处的接待区分散了人流：公司员工、工作区主管以及来此参加会议或前往咖啡厅的客户等。设计师转变了咖啡厅的功能，使之拥有多项功能，诸如开展研讨会和设计评审会，以及数码实验室技术检测等。换句话说，该空间是广告公司的公共中心。

空间中具有活力的红色结构既是接待处也是酒吧，就像是从建筑的墙体上生长出来的一样。该结构在空间中成长、获得能量、集中人们的注意力，并逐渐弱化、完全消失……人们能够移动隔断墙体，并促进空间之间的沟通。红色结构对于访客来说，充当着办公区导航者的角色。在一些地方，红色结构成为简单的立方体结构，简洁的空间外观可以激发出员工的创意灵感。

有了这样的设计理念，整个工作区显得趣味横生。该设计点源于广告公司普遍存在的问题：空间结构的不断变化，员工和部门数量的变化，以及这些部门相互之间关系的变化。广告公司对外部情况的变化非常敏感，基于这一点，工作区要能适应不断变化的新情况。

行政管理中心位于每个建筑楼层的中心位置，拥有办公区、会议室等功能。基于空间需求，办公区可以转变为会议室，会议室也可以用作办公区。围绕着这些“建筑”，可移动式办公区沿窗户设置，各个部分通过舒适惬意的休息区来分隔。多亏有了这样的空间结构，不需做多少努力就可以轻松组织整个室内空间和工作区。

顶楼顶棚的空间高度使设置夹层楼成为可能，供人们自如休息，或者拥有一处舒适的单独工作空间。

设计公司

Nefaresearch Architects

设计师

首席建筑师：Boris Voskoboinikov

Maria Akhremenkova (interior designer)

Dmitry Ovcharov

Maxim Frolov (3D)

首席工程师：Sergey Kurepin

项目团队

Margarita Kornienko

Viktor Kolupaev

Maria Nasonova

Olga Ivlieva

项目面积

3400 m^2

项目时间

2011年11月～2013年6月（2期）

BBDO GROUP
guests

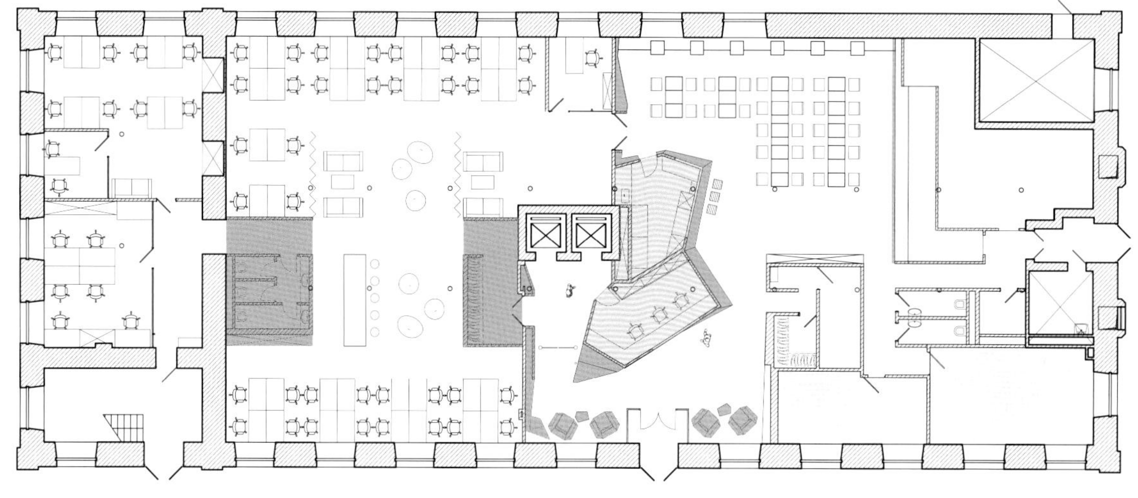

首层平面图

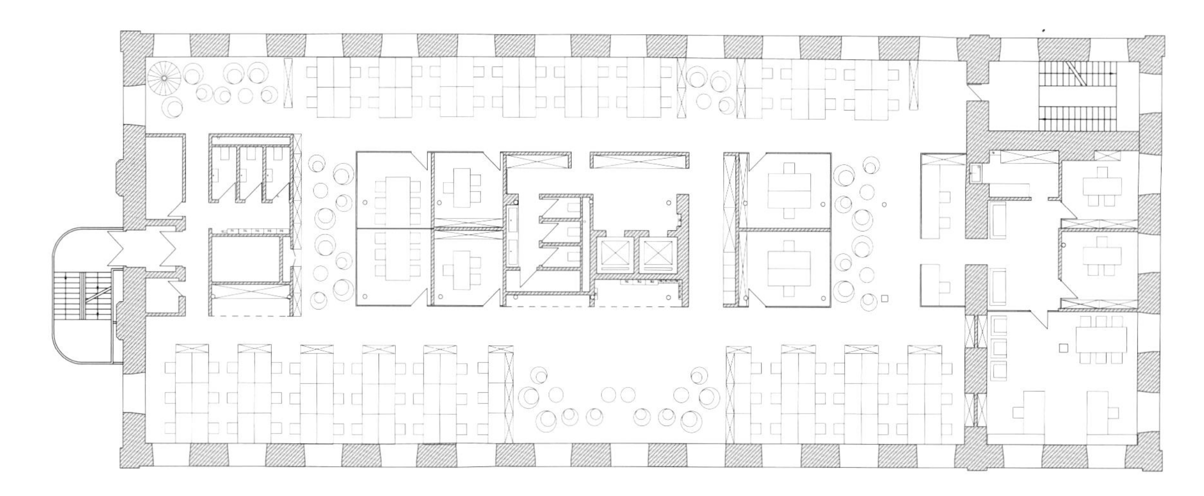

二层平面图

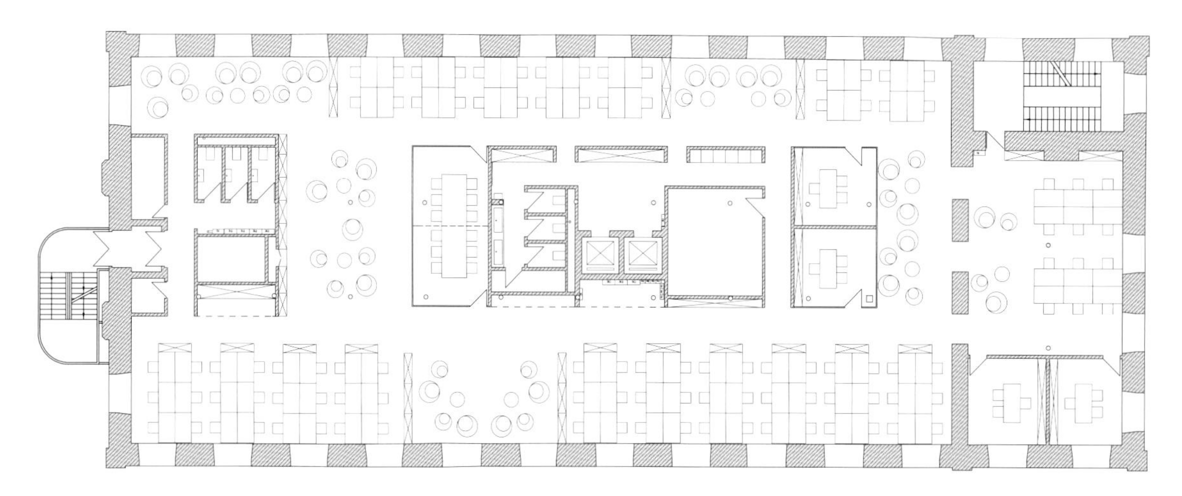

三层平面图

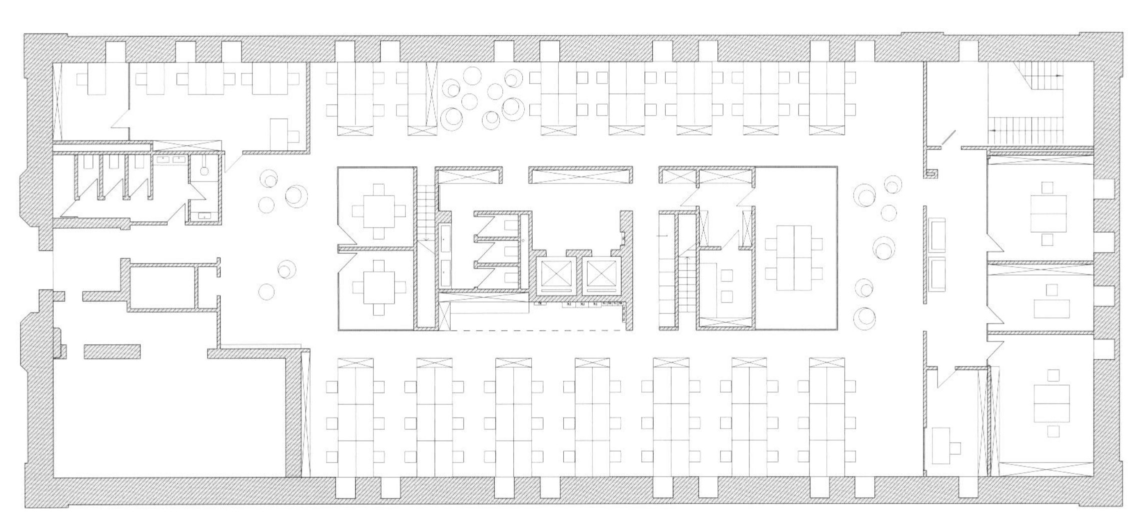

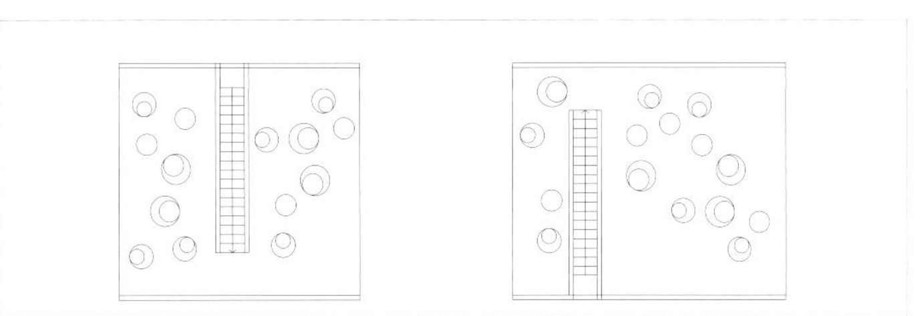

四层平面图

staff

staff

staff ▶

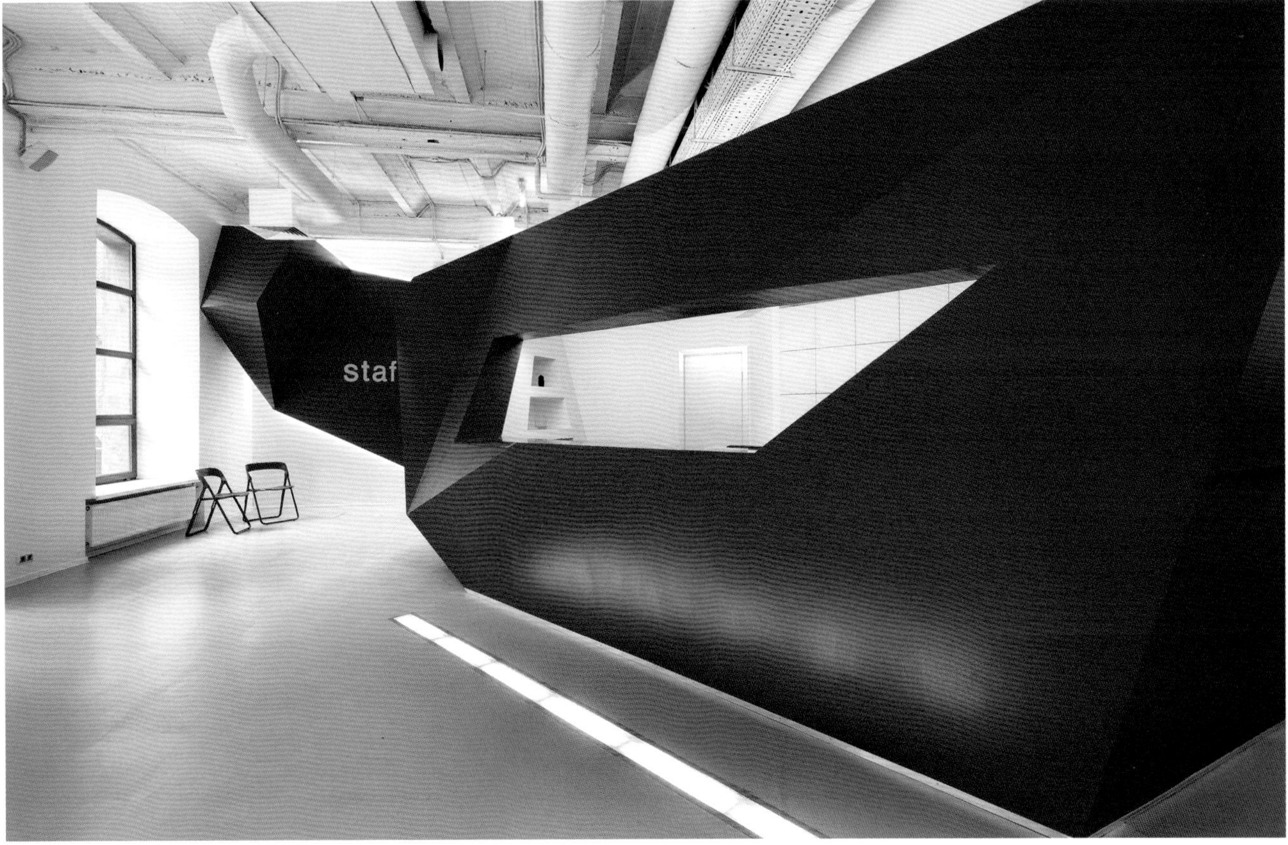
staf

only

Yandex Stroganov Office

莫斯科 Yandex Stroganov办公区

Stroganov Business Center, Moscow, Russia

摄影： Maria Turynkina, Dmitry Kulinevich

当前，IT公司都乐于为员工营造非正式的、富有创意的空间氛围，因为工作环境是影响公司吸引力的关键因素之一。作为俄罗斯最大的IT公司以及世界范围内IT领域的一大领袖，Yandex将办公区委托给Za Bor建筑事务所已有6年时间。截至目前，世界上4个国家的12座城市中的21处Yandex办公区均是由Za Bor建筑事务所设计建造的。

2013年，Yandex在Krasnaya Roza 1875商务区Stroganov大厦中又开设了一处莫斯科办事处。该重建建筑中遍布着柱梁和楼层间设施，这些都对室内空间影响很大。客户希望这里是一处快乐而又舒适的内部空间，以容纳数目众多的专业人士。

建筑的1～3层通过一些常见元素相联系，其旨在营造一条巨大的丝带状结构，在联系各个楼层的同时，这条丝带形成流线带动了一系列会客厅、会议室的形成。

建筑的1～3层延续Yandex办公区一贯的风格，拥有其常见的元素，诸如顶棚上的开放式通信线路，设在复杂的几何箱体中的、独特的顶棚照明设施，以及复合式花盆——其花枝一直延伸至顶棚。Vitra品牌的Alcove沙发成为亮点，被用于非正式的社交场所。墙体装饰为传统的工业用毯、软木等。当然，还有浇灌混凝土制成的地板。

建筑的4、5层被打造成了完全不同的风格。在这里，你可能只会注意到Za Bor建筑事务所的两个标志性元素，其中之一为大型的会议室，建筑师称其为“深海潜艇”，而员工们则称其为“橙色区”和“马铃薯”，这当然是源于空间的色彩。这样的装饰区别主要是基于相当复杂的建筑元素和建筑的高差（顶棚高度2～6 m不等），以及之前租户遗留的阳台和横梁。在这个灰白色的中性空间中，有很多使用Herman Miller体系打造的工作区，还有最大的开放空间。此外，这里还有餐厅和设有运动区的游戏间。

这一设计方案促使建筑的部分空间被打造成为两处独立的办公区。实际上，这样的空间设计可帮助客户和Yandex资金部门的大量访客来此处理各自的事务，同时又不至于打扰到顶层技术专业人员的工作。

设计公司

Za Bor Architects

设计师

Arseniy Borisenko, Peter Zaytsev

项目面积

5800 m^2

项目时间

2013年

项目支持

家具：Herman Miller, GlobeZero4, Vitra

照明：Slide

声学材料：Sonaspray

声学解决方案：Acoustic group

地板：Interface FLOR

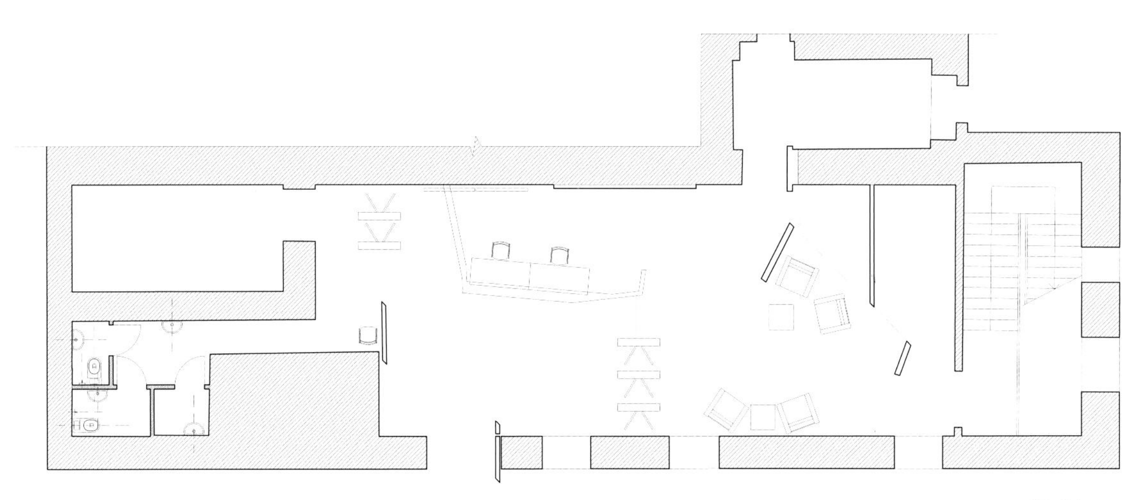

首层平面图

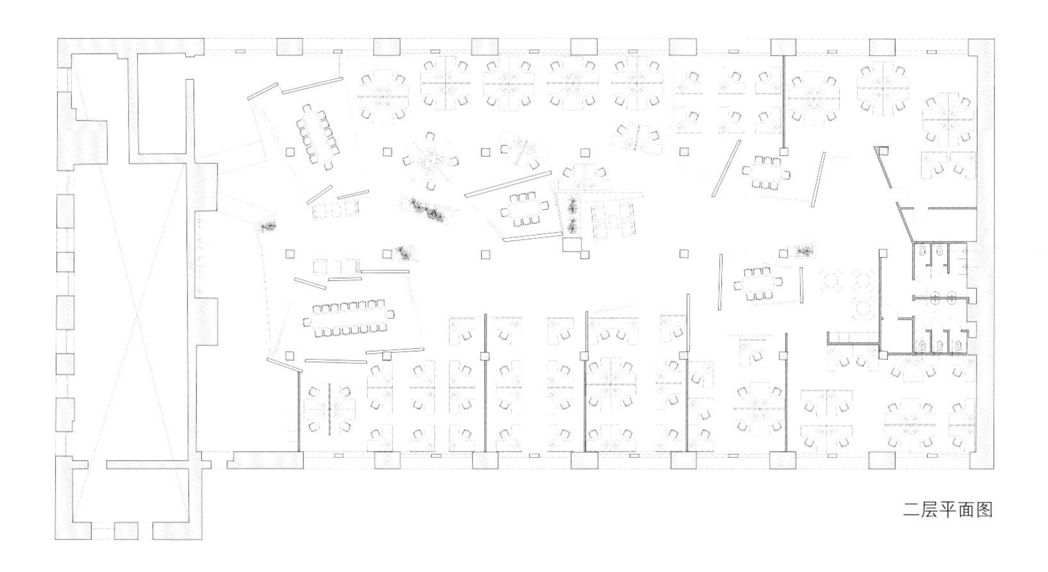

二层平面图

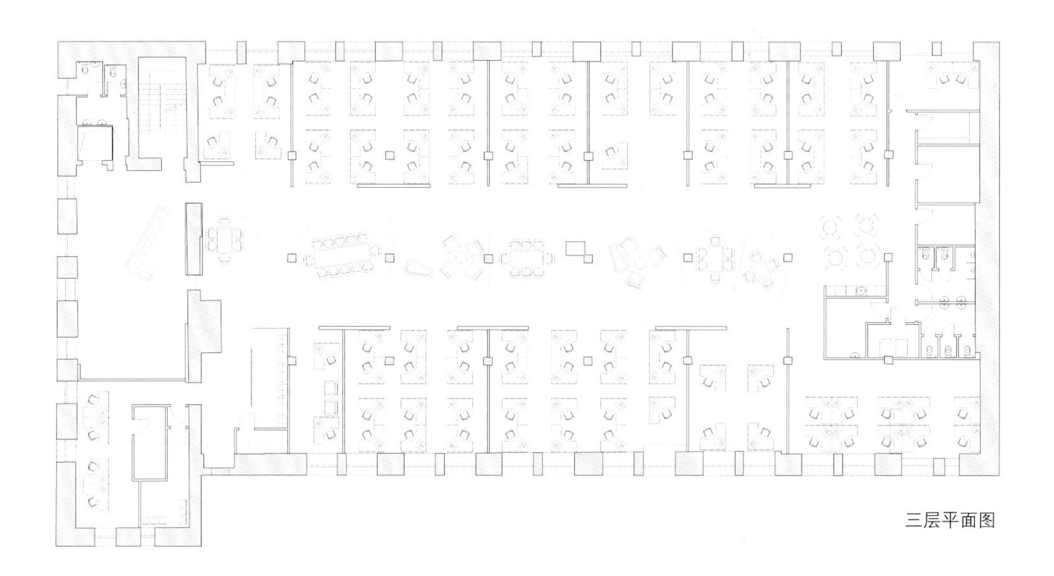

三层平面图

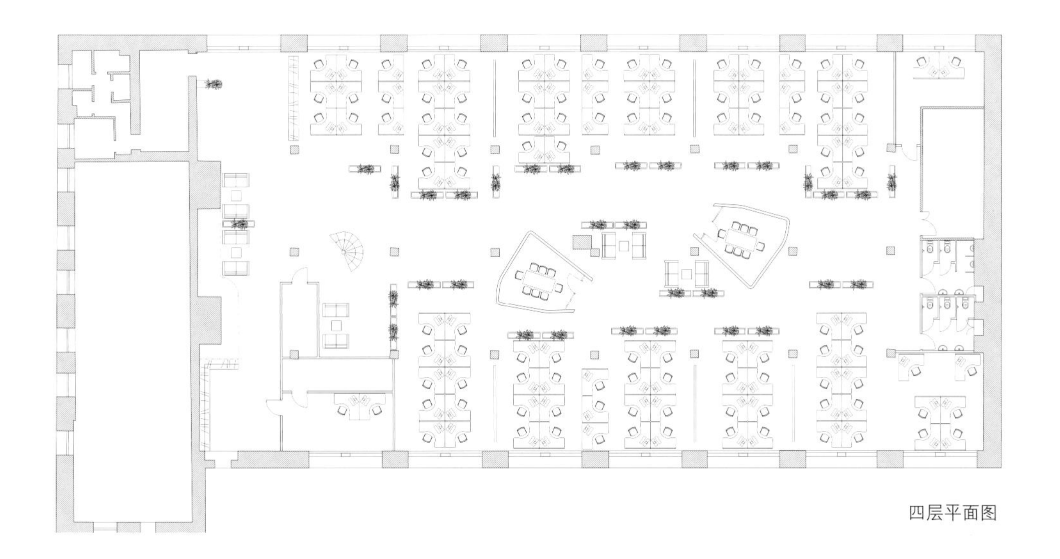

四层平面图

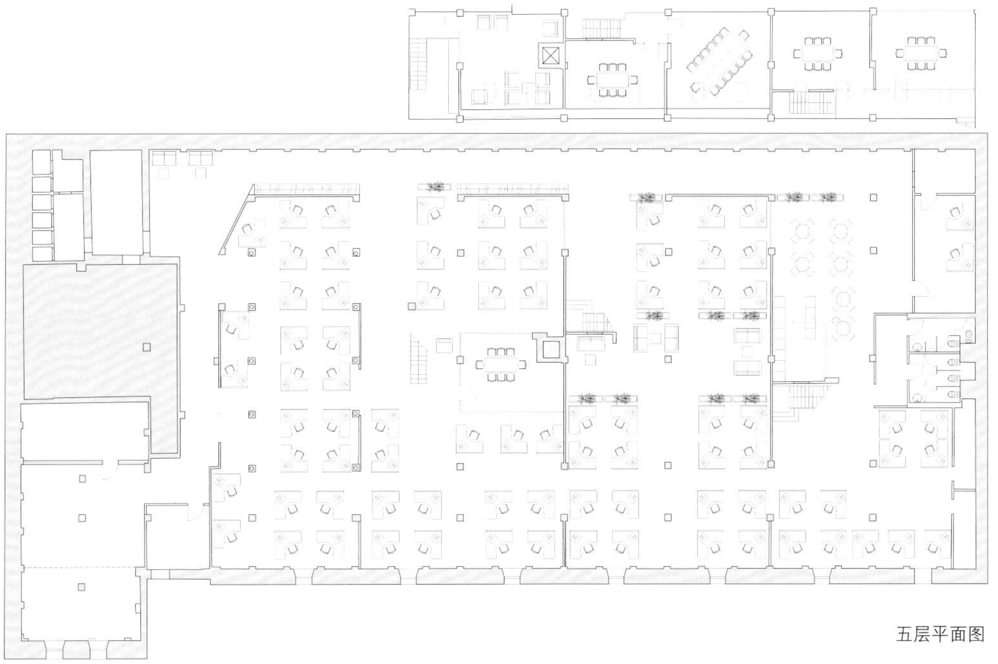

五层平面图

Апельсин

BE HAPPY
BE SWEET
SMILE

Апельсин

CT 2-10
Деканат

Ректорат
Деканат

Ректорат

KBJ Share Space

KBJ共享空间

Kokubunji, Tokyo, Japan

摄影：Nobuaki Nakagawa

设计师将Kokubunji车站附近的一栋建筑的4楼空间改造为共享空间。项目基于良好的设施，而非一切从头开始，所面临的挑战是如何打造出风格多样的房间，同时减少操作步骤。

设计师采用在柱廊和横梁上加建相同型号的木质板材的方法，实现了对空间分割、整合的操作，木板是整个办公空间最原始的结构。希望最终打造出的多边形的房间，其中开展的各种活动将使空间变得与众不同。

设计公司

I.R.A./International Royal Architecture

设计师

Akinori Kasegai , Daisuke Tsunakawa

项目面积

65.98 m^2

项目时间

2013年

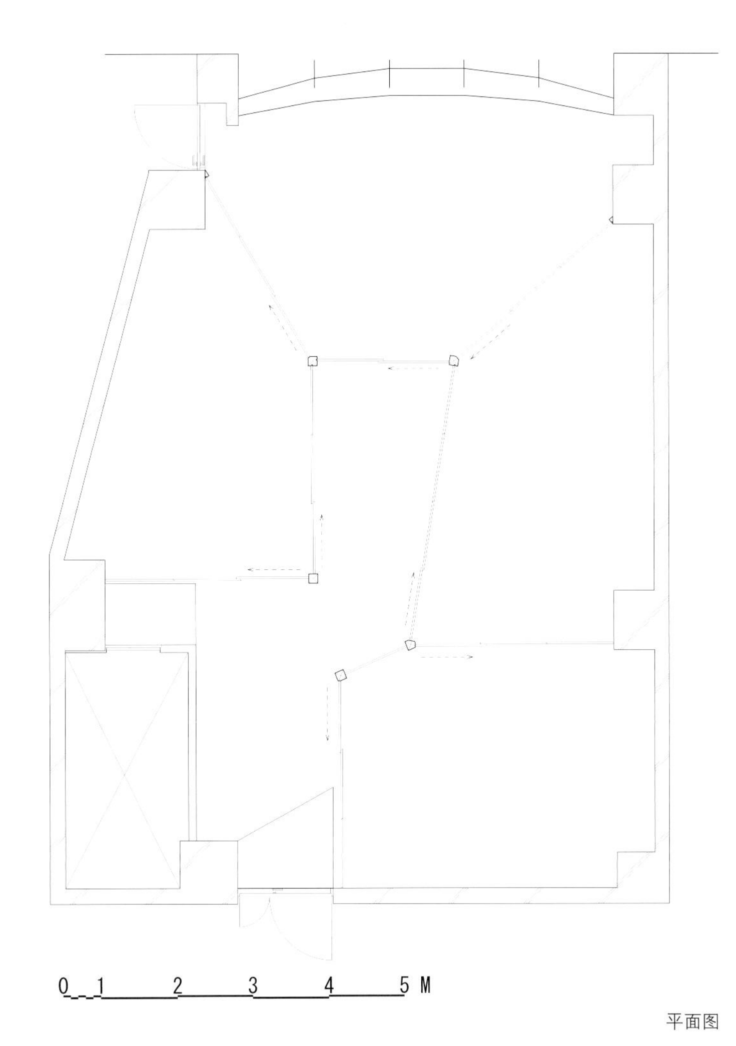

平面图

BICOM Communications　加拿大BICOM公司办公室

Montreal, Quebec, Canada

摄影： Adrien Williams

设计师的主要意图是将空间设计成为创意媒介和高效社区，设计师通过空间外观来展现其想表达的BICOM的办公区设计。

BICOM Communications是加拿大的一家专注于生活方式的公共关系专业公司，该公司大型公关活动所针对的都是一些大型品牌，诸如可口可乐、娇兰、巴黎卡诗等。办公空间便扮演着“传播者”的角色，当人们步入其新建办公区时，就会被其散发出的正能量所震撼。然而，这种伟大的能量正是来自于室内设计主题。

室内设计师Jean de Lessard是这样评价BICOM员工的：“他们是新一代的年轻人，是无比聪明的人。我的设计策略是充分展现其运营理念和工作方法。24位员工的不同个性也展露无遗。”

按照设计师的话来说，设计更像是可控的“混乱”状态，将开放式空间利用起来，将连续式办公空间连结起来以满足客户对空间的需求。将几处私人办公区整合起来，使其最终能容纳35个人，外加几处供员工相互交流的开放式空间。这些能够成为现实，也要归功于“混乱”。之所以这么说，是因为个人和团体是不可分割的，协同工作是启发灵感的。同事之间的交流当然可以在有趣、运转良好、功能齐全的环境中开展。

以全新的方式看待人类是非常必要的，同样的，将一个人所处的环境进行重新设计也至关重要，赋予其新的外观，超出界限和空间设定。BICOM项目就是这样一个案例：对空间和功能系统性重新解构。

简化的空间规模，纯粹的线条，设计师使用不多的几种色彩以打造温馨、惬意的建筑空间，与老厂房苍白的墙体、高高的顶棚形成鲜明的对比。看似反常的空间设置不仅确立了空间轴，打破相对单调的空间设置，还促进了人与人之间的相互沟通。

每个独立的空间均有其建筑语言和功能设置，通过其各自的视觉外观展示出来：一间覆盖着青草、一间饰以木板、一间用玻璃来装饰，诸如此类。覆层的多姿多彩提醒人们每个人都有他自身的个性，而所有建筑相同的外观又使空间设计具有连续性。村落似的空间中设置了两个小屋似的会议室，以及一处包括浴室和厨房的公共区域，该公共区域也按照封闭性与聚合性的精神进行设计。

设计师

Jean de Lessard

合作伙伴

Corflez, Chronoglass, Meubles Resto-Plus, Peinture Laurentienne, Gestion D.O.S., Plomberie B.D.

项目面积

418 m^2

项目时间

2014年

项目支持

总承包商：Construction Inox

bienvenue
blcom

bicom

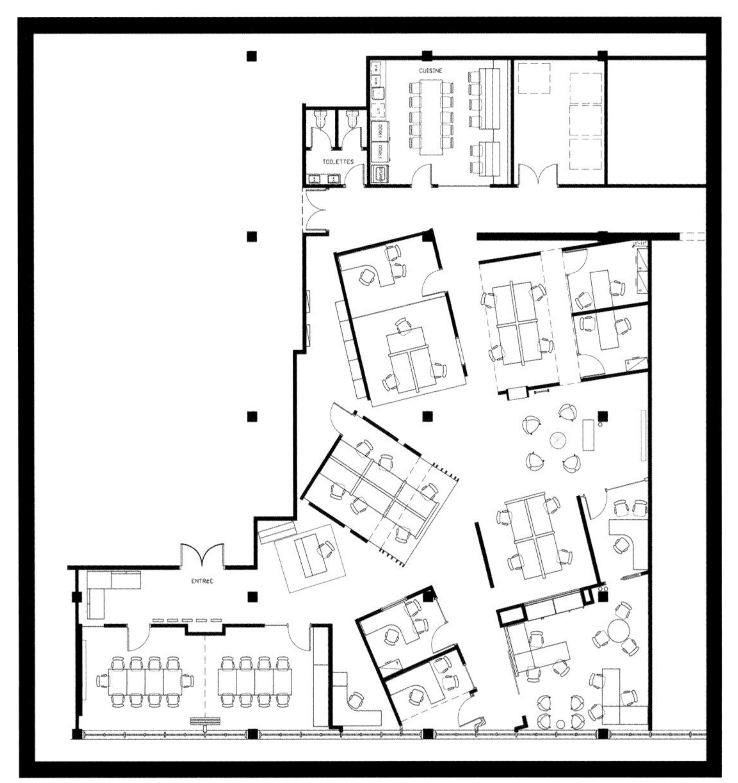

平面图

•••bicom•••

New CEMEX Headquarters

CEMEX公司的新总部

Prague, Czech Republic

摄影：Atelier Povetron

该项目是CEMEX公司的办公空间设计，该公司主要致力于生产混凝土材料、水泥和混凝土骨料。新建办公区位于Prague Stodulky西区的行政中心区。

方案的核心是打造一处大型的开放式空间，设有小型办公室和会议室，为团队开展工作打造一处非常惬意的空间。传统案例一般会设置彼此分隔的办公区，而空间其他部分被用作开放式的办公区。但此方案希望突破固有模式，不拘泥于传统的设计方法。亮点在于将团队主管的办公室分散在办公区的四周，打造出了一些小角落和彼此分隔的小型空间，营造出优美的工作环境，并方便员工们和主管开展直接的交流和沟通。为了实现这些目标，同时确保大型公共空间的观感（高高的顶棚强化了这种空间感），具体的空间结构部分都不是直达顶棚的。空间不是相互分隔式的，然而却安装了一些相互分隔的空间单元，以塑造大型的开放式空间外观。

项目的主要目标是打造50处工作区（设置成开放式的办公区）、为团队主管打造7间封闭式办公室、供20人使用的大型会议室和可容纳30套座椅的4间小型会议室。办公区中还会设置一处休息区，配备了小型健身房和小厨房。

这些项目采用了这样的空间划分：主要工作区围绕着大型中庭展开设计，被分成了3个不同的功能区。通过入口区即可看到连接式翼状结构，接待处即是中心空间元素，这里还设置了洗手间和其他辅助设施。所有的工作区均位于北部片区，小型的会议室也设置在这一区域，对空间进行纵向分隔。南部片区为休息区，设有健身房、小厨房和大型的会议室。

材料的选择上，设计师意图让内部空间设计与入驻公司的文化与背景相吻合。为了使人们一眼就看到公司的经营内容及其企业哲学和态度，在内部空间装饰上使用了一些与公司相关的材料。彼此分隔的办公室在内外空间装饰上均使用了水泥石膏（仿造材料），玻璃幕墙会议室表面覆以锈蚀结构钢格，接待处使用钢丝笼设计，使用采石场的石材进行基础的打造，而这个采石场正是该公司采集混凝土骨料的场所。公司经营哲学、可持续发展的空间理念和激励人心的图片均展示在墙壁的挂画上。休息区被设计成了自然公园，其中设有小道、草坪和花园等设施，其中的座位区看上去就像是大块的岩石。开放式办公区中还安放了之前租赁该办公区的公司总部遗留下来的一些家具。房间中还设置了一些崭新的栽种着植物的箱体结构，位于橱柜的顶部，成为了不同工作区的分隔设施。

设计公司
Atelier Povetron

设计师
Martin Chlanda, Michal Rouha

合作伙伴
Jana Fischerova, Jana Simankova, Pavel Zezula, Marek Sinagl

项目面积
681 m²

项目时间
2012年6月

CEMEX

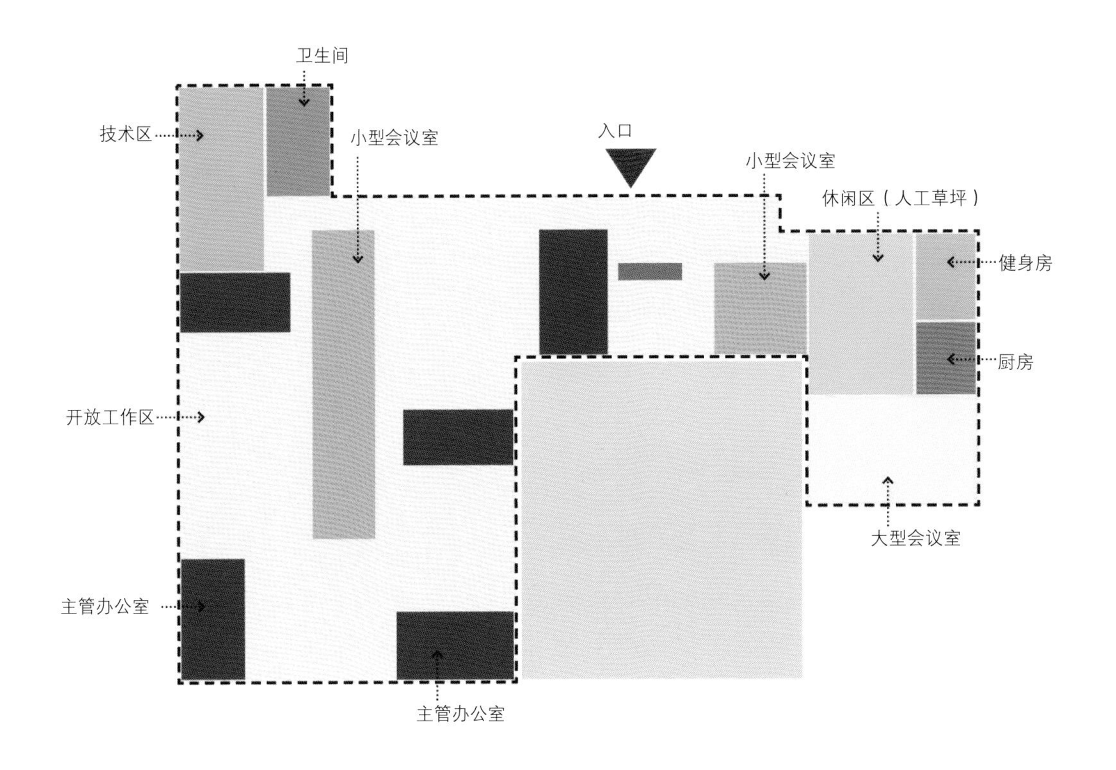

功能区划分图

ARCHITEKTONICKÝ PŮDORYS

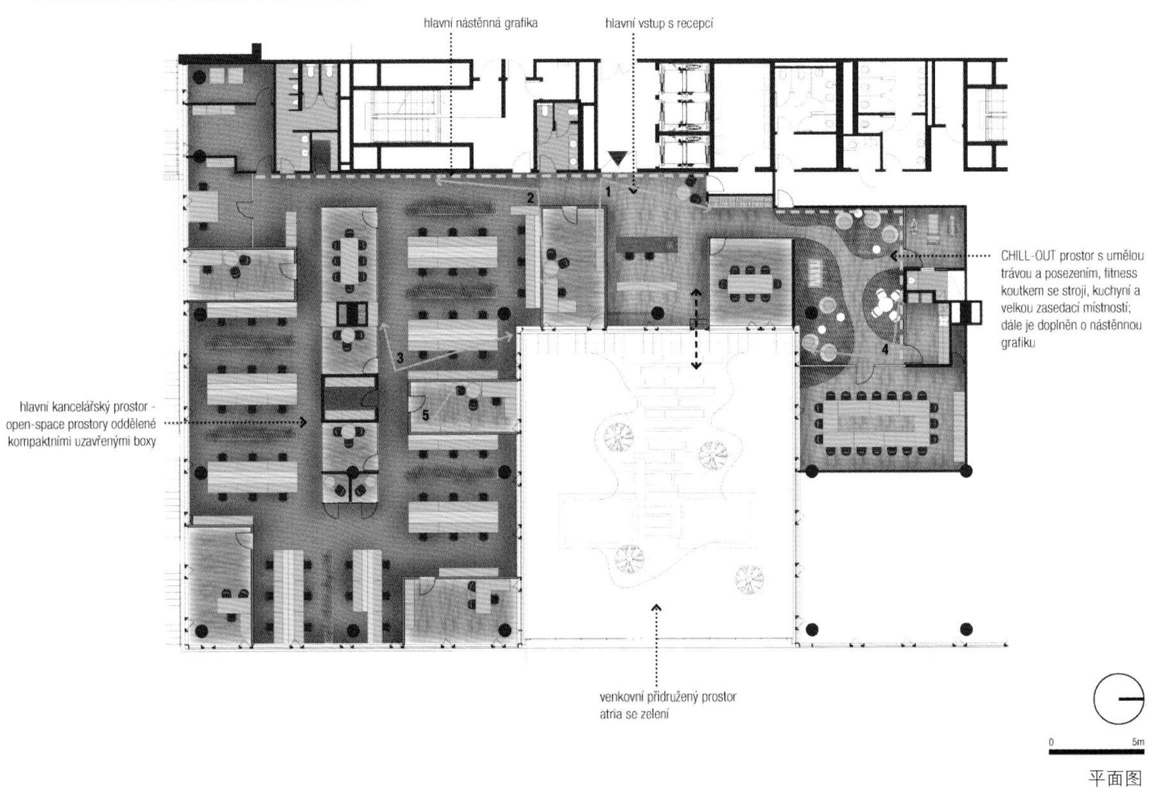

平面图

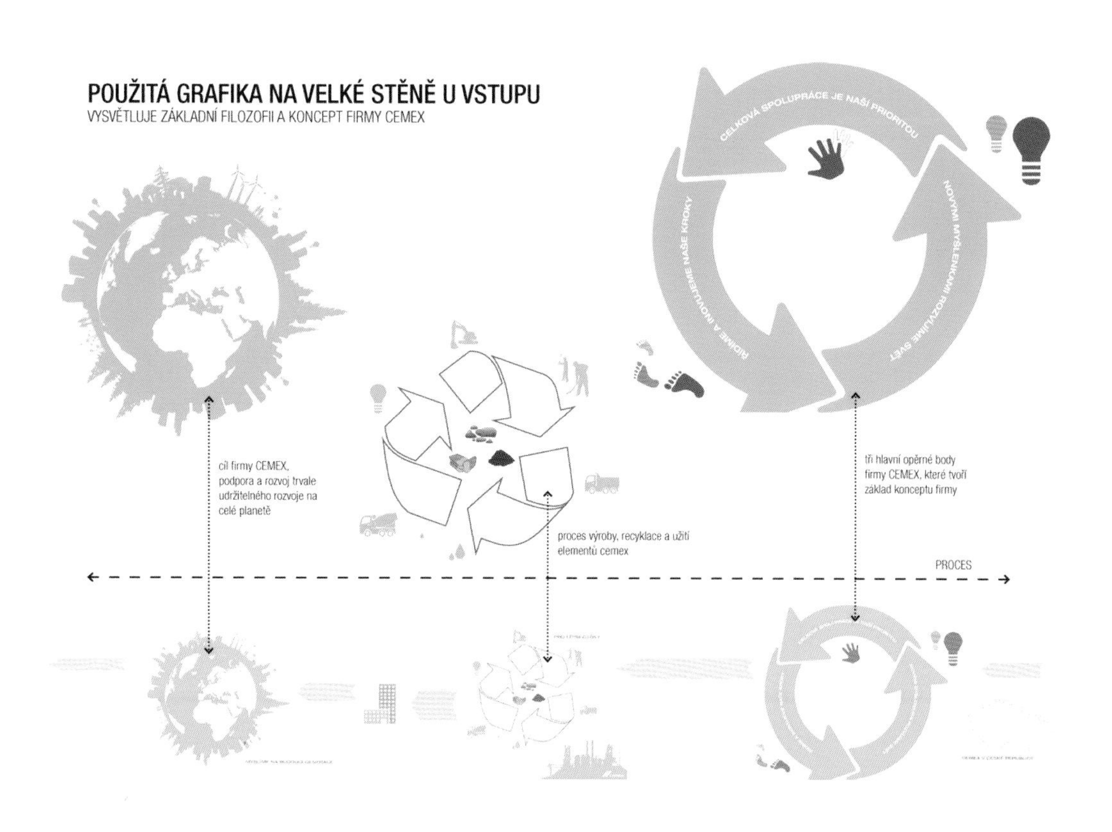
POUŽITÁ GRAFIKA NA VELKÉ STĚNĚ U VSTUPU
VYSVĚTLUJE ZÁKLADNÍ FILOZOFII A KONCEPT FIRMY CEMEX
CELKOVÁ SPOLUPRÁCE JE NAŠÍ PRIORITOU
NOVÝMI MYŠLENKAMI ROZVÍJÍME SVĚT
ŘÍDÍME A INOVUJEME NAŠE KROKY
cíl firmy CEMEX, podpora a rozvoj trvale udržitelného rozvoje na celé planetě
proces výroby, recyklace a užití elementů cemex
tři hlavní opěrné body firmy CEMEX, které tvoří základ konceptu firmy
PROCES

CEMEX

TORRE ANGEL
MEXICO
GOTA DE PLATA AUDITORIO
MEXICO

TANQUE ELEVADO SARE
MEXICO
TORRE CUBE
MEXICO
TORRE CORPORATIVA DICAS
YUCATAN
PUENTE ASWAN
EGYPT

UXUS HQ

荷兰阿姆斯特丹UXUS HQ办公区

Amsterdam, The Netherlands

摄影： Dim Balsem

将空灵的诗歌美学与强悍的工业风格相融合，UXUS办公区的室内设计在激发人的抽象思维的同时，最大可能地提高生产力。

受两者之间“诗性”的启发，该空间展示了对立元素之间的张力。柔和的与尖锐的、旧的与新的、透明的和私人空间等相互碰撞，打造了一个可以激发想象力的不断变换的空间环境。

大型的开放式空间、粗糙的空间边缘和金属设施，使人联想到19世纪时的工业建筑美学。作为对比，从顶棚延伸至地板的帘幕极大地拓展了诗意的空间氛围，赋予整个空间以新的形态。合伙人办公室的门代表了空间所具有的张力。实木门嵌入玻璃墙体中，看上去就像是悬浮着的一样。这样的设施具有通透度，在必要的时候也能确保空间的私密性。

设计师故意将各类设施和室内装修设置得不相匹配，从一些定制设施、自然艺术品，到UXUS的专有家具，比如Not So Fragile和Light Ness灯具。灯具所使用的橙色霓虹灯装饰带与办公室的透明色彩形成鲜明对比，营造了一种意想不到的空间效果。

该建筑的空间位置和阿姆斯特丹历史中心的地理位置促使UXUS要保留空间的遗留物。一部功能齐全的老式电梯通过玻璃墙体与公共厨房联系在一起。两处结构激发出一种怀旧感，并强化了透明的诗意空间和办公区工业本色之间的张力。

诗意将令人回味无穷的韵味注入了人们的日常生活之中，UXUS所创造的环境以简单的方式激发了人们的想象力，凸显了创意的不确定性。设计师意在使工作区内重建美学特色，因为其能带来多重的观感和解读。这样当你每次步入办公区的时候，都能拥有全新的感受。

设计公司

UXUS Design

项目面积

520 m^2

项目时间

2012年12月

项目支持

灯具设计（Light Ness）：UXUS Design

家具设计：Piet Hein Eek

限量版家具（Not So Fragile）：UXUS Design

椅子：Eames, Tolix

海报：Nick Night

花瓶：Norman Trapman

进口意大利亚麻窗帘

1ST FLOOR

UXUS

Google's New EMEA Engineering Hub

谷歌新建 EMEA工程中心

Zurich, Switzerland

摄影： Peter Wurmli

谷歌并不是一个传统意义上的公司，也并不想成为那样的公司。从位于瑞士苏黎世的谷歌新建EMEA工程中心的设计上就可以看出这一点，设计所营造的是一处充满活力、激发灵感的工作环境，其中可以开展各种活动，人们倍感放松且能集中注意力。

新建的EMEA工程中心位于Hurlimann区域，从苏黎世市中心可以轻松步行抵达。该地块上曾经有一座本地啤酒厂，后被改建为一处富有活力的多功能区，设有公寓、商店、办公区和温泉宾馆。谷歌办公楼是一栋富于时代特色的7层建筑，核心办公区拥有12 000 m^{2}的建筑面积，可容纳800名员工。

谷歌公司正在迅速扩大在苏黎世的规模，其员工人数在过去12个月的时间里增加了一倍。建筑师所面临的挑战是确立定制的设计和建造流程，以便适应紧张的时间和资金限制，同时也为了得到广泛的参与和认可。谷歌所推崇的是高效环境中的个性、创意和创新性的商业实践，重点关注个体的重要性，在公司成长的整个过程中都保持小公司的环境氛围。

设计过程的一个关键元素是苏黎世谷歌人（被人们亲切地称为Zooglers“苏谷人”）应该参与到设计过程中，以塑造属于他们自己的空间。建筑设计从一开始就应用了一种交互式的透明设计方法。由各个部门选出的代表组成一个指导委员会，他们在整个设计过程中从事评审、挑战以及批准设计方案等工作。

建筑师迅速开展研究、分析工作，确定建筑自身赋予的机遇和挑战，以及“苏谷人”的情感和实践需求。后者通过调查研究获取，确定概念选项并一一将其呈现。从一开始，苏谷人即决定要减少个人的工作空间，以获得更大的公共区和会客区。工作区依据高标准的空间效率来设计。此外，工作区还必须要适应频繁的员工轮作和个体成长。平均来说，1名谷歌人1年的时间内要在建筑内变幻2次办公区域，故而办公区设计要有最高的适应性，这样集团所有的部门都能使用办公区的任何一部分空间。办公区围绕着中心空间展开设计，包含了可容纳6~10人的开放式工作区和4~6人的封闭式工作区。

所有的办公区封闭设施均使用玻璃隔断体系进行打造，确立了空间通透性，并优化了日光照明，同时减少了噪声，保证了工作区所需的私密性。每个办公楼层都有自身的色彩设计和清晰的朝向，比如在蓝色楼层上，以水、雪为主题的大型照片和图片提升了空间的色彩感，并成为内部空间设计的必要组成部分。

总之，新建的苏黎世谷歌EMEA工程中心在个人工作区方面具有功能性和灵活性，在公共区方面具有选择性和多样性，为“苏谷人”营造了一个可以安心工作的空间环境。建筑师所承担的研究工作确立了其努力方向，即重点关注环境方面，而这在“苏谷人”的工作生涯中也是最关键的一点。

设计公司

Camenzind Evolution

设计师

Tanya Ruegg, Stefan Camenzind

项目面积

12 000 m^2

项目支持

建筑与项目管理：Camenzind Evolution Ltd.
场地管理和监督管理：Quadras Baumanagement Ltd.
工程管理：Amstein + Walthert Ltd.
家具顾问：Büronauten Ltd.

Google

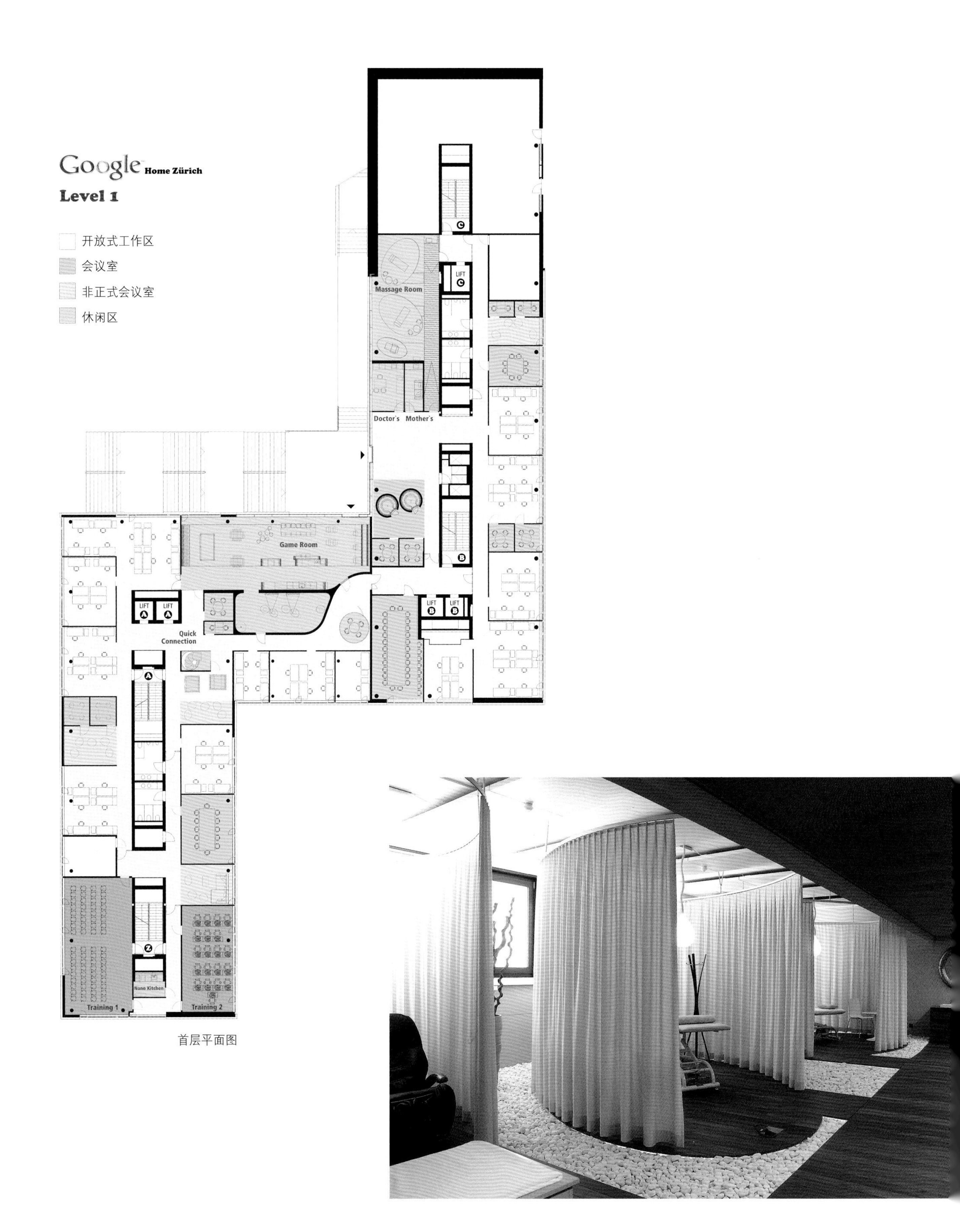
Google Home Zürich
Level 1
开放式工作区
会议室
非正式会议室
休闲区
Massage Room
LIFT
Doctor's
Mother's
Game Room
Quick Connection
Nano Kitchen
Training 1
Training 2

首层平面图

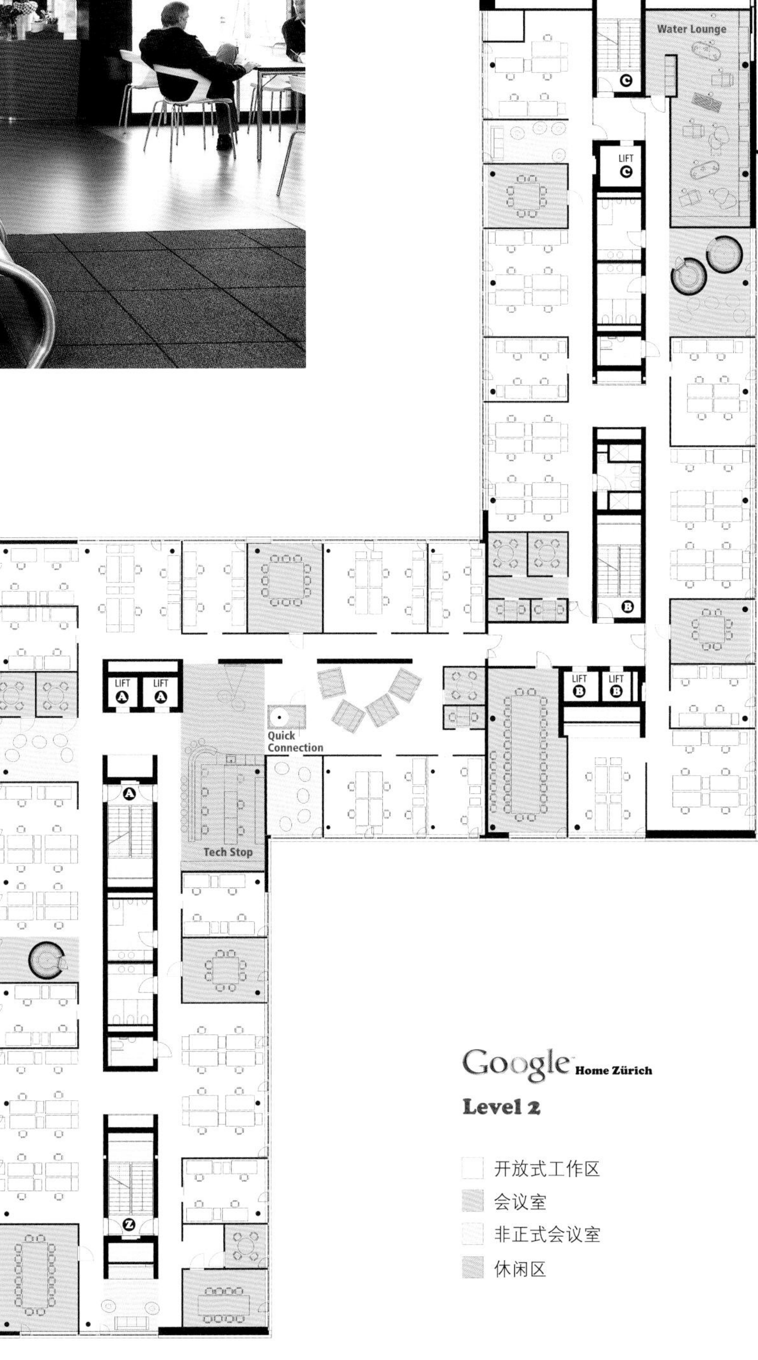

Water Lounge
LIFT
Quick Connection
Tech Stop
Google Home Zürich
Level 2
开放式工作区
会议室
非正式会议室
休闲区

二层平面图

61
TAXI

Momentum

Momentum概念性建筑

Horsholm ,Denmark

摄影： Elsje van Ree

设计师将丹麦霍斯霍尔姆Scion DTU研究公园的灰色仓库变身成了Momentum——商业和办公机构一体的概念性建筑。对于Momentum的概念性建筑而言，艺术和空间是一枚硬币的两面。作为一件艺术品，建筑设计、当代艺术、设计与空间功能融为一体。创新、社会交往和知识共享通过设计得以展现。诙谐有力的艺术装置使创意过程得以推进，并使人们拥有自己的观念和立场。

对于Momentum而言，最引人注目的即是木制地板上的大凸起，想要表达一种人的精神和肉体会遭遇的诸多障碍。体验了Momentum这一空间之后，你可以获得许多灵感，进而在日常生活和工作中萌发出新的想法。

不管是室内还是室外，空间促进了新的会面可能。你可以选择一个能适合你会面情形的会议室：可以在厨房进行非正式会见，在Dynamic Space进行“头脑风暴”，或者在机密室开展机密对话。对于Momentum的概念性建筑而言，功能性和灵活性并存，是个可调整型的办公空间。

Momentum所设计的会议区具有内在的冲突性和多样性。Momentum的内核在于一座塔楼——雕塑样形态的、浅蓝色的塔，其代表了我们在日常工作中所需要的自由空间。在其中，你可以自由发表自己的想法，并通过更大的视角来观看周边的事物。塔顶部，天空即是边界——出色的想法就是在这里诞生的。

设计师

Rune Fjord, Rosan Bosch

项目面积

466 m^2

材料

酸橙树、中密度纤维板、橡胶地板、白板油漆、镜子、玻璃纤维、半透明纺织品、铁、不锈钢以及各种家具

Horisont

MOMENTUM
Udvikling
svagheder

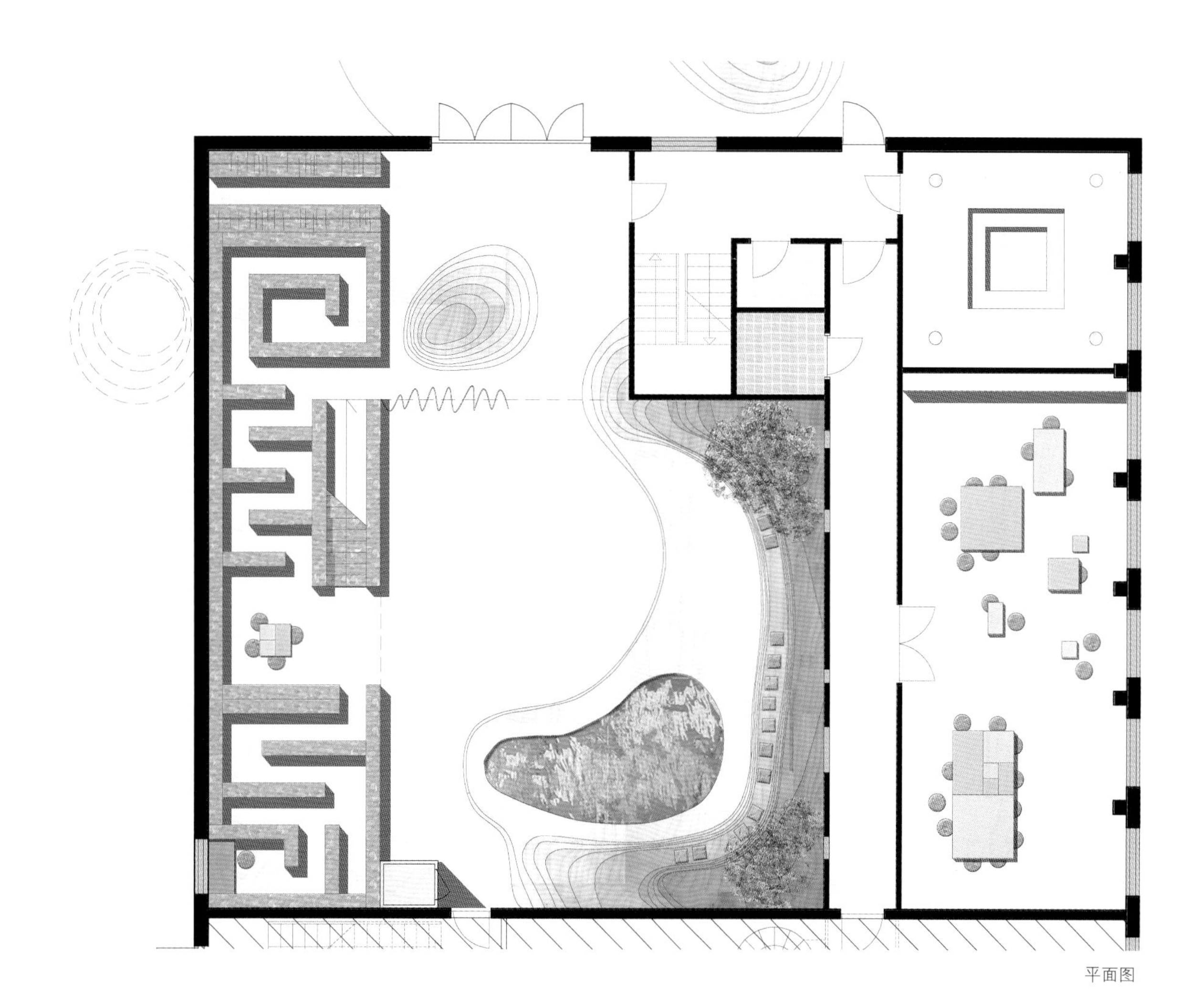

平面图

SocietyM Glasgow

SocietyM格拉斯哥办公区

Glasgow, Scotland

摄影： Ewout Huibers

SocietyM是CitizenM酒店的首发项目。其所针对的是一群新的职场人士：他们不被办公室或者办公室惯例所束缚，作为一群游荡的人群，哪里网络好，哪里咖啡新鲜，他们就在哪里做生意。我们称这群人为“商业的游牧者”。SocietyM为这些人士提供了空间敞开的“创意工作室”，每一间均配备了装备齐全的视听设备，以及用来记录笔记、想法、涂鸦的墙壁。还有一间可容纳50人的放映室，这样你可以跟一大群人分享你的伟大创意。此外，还有一间配备了Vitra家具的俱乐部房间，书架能带给你无穷灵感，当然还有免费的WIFI。

SocietyM的中心位置为俱乐部。在这里，你可以工作、会友、玩耍或者休息。该空间被设计为一处启发灵感的现代绅士俱乐部。两个大型的橱柜在空间中并行排列，其中塞满了书籍和工艺品，可以带给人无穷灵感。潜水座位设施、Vitra风格的起居室、工作桌、木制图书馆桌等供人们就坐、会面、玩耍或者阅读。吧台为人们提供最好的咖啡，两个工作间供那些需要集中注意力工作的人使用。橱柜的设计与CitizenM酒店采用相同的设计原则，只是色彩不同，使用白色贴膜的胶合板打造而成。木质竹制地板营造了一个温馨的氛围，黑色的顶棚令人倍感亲切。印花地毯所使用的是古老的波斯地毯图案。现代绅士俱乐部就这样成功打造出来了。

除了俱乐部之外，任何人都可以租赁放映室，或者6间创意工作室中的一间。

除了两套橱柜之外，放映室中还有屏幕和一些艺术品，可以带给人无穷灵感。一侧的墙壁覆以天鹅绒挂毯，50个Tom Dixon座椅使人们可以很舒适地观赏屏幕。

创意工作室中设有黑板和白板墙壁，供人们在会议期间与大家分享自己的想法，或者记录笔记。未经处理的黑色钢制窗框投射下旋转式的阴影。创意工作室前方走廊中设置了一些较低的座位设施，当人们在会议间隙出来走走或者打电话时可以坐在这里休息。

设计公司

Concrete

项目团队

Rob Wagemans

Erikjan Vermeulen

Cindy Wouters

Stijn de Weerd

项目面积

585 m^2（不含入口区域）

项目时间

2011年6月

项目支持

主要承包商：Sisk

装配固定设施、酒吧和构筑元素：Roord Binnenbouw

室内窗框：Van Rijn staalbouw, Zoeter-woude Rijndijk

竹制地板：Moso

家具：Vitra, Satelliet, Tom Dixon

吊灯：Moooi, Tom Dixon

印花地毯：Desso

印花地毯设计：Concrete

citizen
THEATRE R

citizen

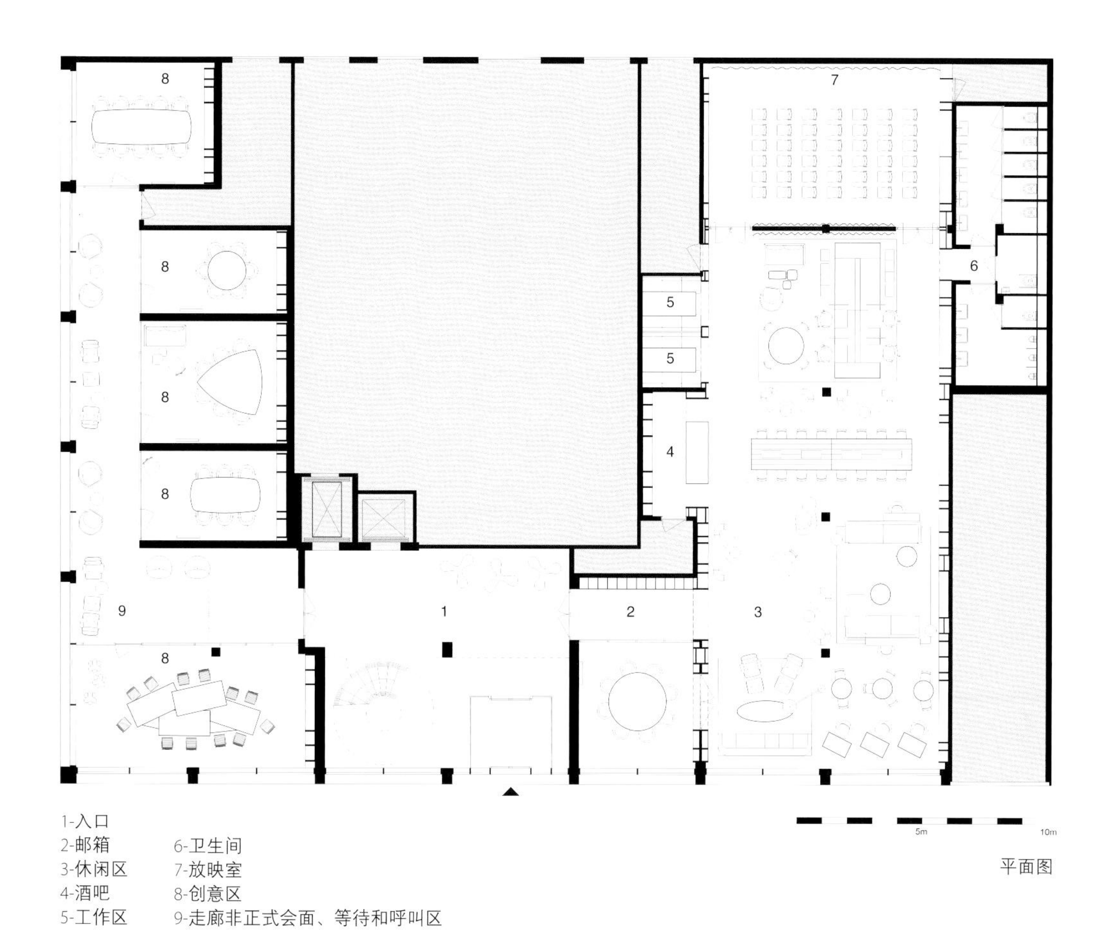

1-入口
2-邮箱
3-休闲区
4-酒吧
5-工作区
6-卫生间
7-放映室
8-创意区
9-走廊非正式会面、等待和呼叫区

平面图

36⁸

36⁸

YES Office

YES办公区整修项目

Chuo-ku,Tokyo , Japan

摄影： I.R.A.

YES项目是靠近东京地铁站的办公室翻新项目。

设计团队将公共空间的底色确定为白色和木色。此外，通过给每层的房门设计鲜活色彩的方法，使得每个楼层迸发出更多活力。

空间包含了武术基地、办公区、会议室、行政办公室等，每个楼层都各具特色，像是多个完全不同的项目。

设计公司

I.R.A./International Royal Architecture

设计师

Akinori Kasegai , Daisuke Tsunakawa

项目面积

575.97 m^2

项目时间

2012年

1
1
5